Aparejamiento básico

Guía del estudiante

Segunda edición

PEARSON

Boston Columbus Indianapolis New York San Francisco Amsterdam
Cape Town Dubai London Madrid Milan Munich Paris Montreal Toronto
Delhi Mexico City Sao Paulo Sydney Hong Kong Seoul Singapore Taipei Tokyo

NCCER

Presidente: Don Whyte
Directora de desarrollo de productos: Daniele Stacey
Gerente del proyecto encargada de las personas que realizan las señales: Patty Bird
Gerente de producción: Tim Davis
Coordinadora de control de calidad: Debie Ness
Editor: Chris Wilson
Coordinador de edición electrónica: James McKay
Asistente de producción: Laura Wright

Redactor principal/Gerente de proyectos: Tom Burke
Especialista en edición electrónica: Joanne Hart
Directora artística: Megan Paye
Editoras de permisos: Andrea LaBarge, Alison Richmond
Redactores: Tom Burke, Rob Hopkins

A NCCER le gustaría agradecerle al proveedor contratista de servicios por su currículo. Topaz Publications, Syracuse, New York.
Servicios de traducción del texto al español provistos por: Trusted Translations, Inc., Falls Church, VA.

ScoutAutomatedPrintCode

PEARSON

ISBN 13: 978-0-13-784985-7

Prefacio

Para el alumno

Felicitaciones por elegir una de las carreras profesionales más gratificantes que existen. Ser aparejador implica tener un abanico de oportunidades, desde la construcción hasta la industria eléctrica; el aparejamiento está en todos lados.

El crecimiento constante de nuevas construcciones por todo el país brindará cada vez mayores oportunidades en los próximos años. A medida que crece la población del país, también aumentarán las demandas de viviendas, caminos, puentes, edificios públicos, plantas industriales y centrales eléctricas. La necesidad de aparejadores aumentará a medida que se jubilen los aparejadores experimentados. La demanda de personas que cumplan con los requisitos previstos en el título *29 del CFR parte 1926, subparte CC, de la OSHA: Grúas y cabrias en la construcción* será especialmente alta.

Lo nuevo en *Aparejamiento básico*

NCCER se complace en presentar la segunda edición de *Aparejamiento básico*. La nueva edición (anteriormente titulada *Principios básicos de aparejamiento*) presenta prácticas y equipos actualizados. Podrá encontrar información sobre elevaciones críticas y cuadros de carga en *Aparejamiento intermedio*. Este entrenamiento lo ayudará en la consecución de sus propios objetivos profesionales, y lo ayudará a cumplir con los requisitos del título *29 del CFR, parte 1926, subparte CC, de la OSHA: Grúas y cabrias en la construcción*. Para obtener información sobre la Acreditación de NCCER y el Registro Nacional, contáctese con el Centro de Atención al Cliente de NCCER al 1-888-622-3720 o visite **www.nccer.org**.

Características de este libro

Además de las interesantes características y notas de recuadro presentadas en la última edición, se han incorporado las de Conciencia ecológica para resaltar la conservación de energía, al igual que prácticas y productos que tengan un menor impacto ambiental.

Lo invitamos a visitar el sitio web de NCCER en **www.nccer.org**, el cual cuenta con información sobre los lanzamientos de productos y entrenamientos más recientes, así como versiones en línea de nuestro boletín informativo *Cornerstone* y el catálogo de productos de Pearson.

Nos interesa recibir sus comentarios. Puede enviarnos sus comentarios a **curriculum@nccer.org** o enviar comentarios y consultas generales a **info@nccer.org**.

Currículo estandarizados de NCCER

NCCER es una fundación educacional sin fines de lucro 501(c)(3) establecida en 1995 por las compañías de construcción más progresivas y grandes del mundo y por asociaciones nacionales de construcción. Se fundó para acudir la falta de fuerza laboral severa en la industria y para desarrollar un proceso de entrenamiento y currículo estandarizado. Hoy día, NCCER recibe apoyo de cientos de compañías de construcción y mantenimiento, de la manufactura, y de asociaciones nacionales. Los curriculos estandarizados de NCCER se desarrolló por NCCER en conjunto a Pearson Education, Inc., la compañía publicadora de editorial educativo más grande en el mundo.

Algunas características de los curriculos estandarizados de NCCER son las siguientes:

- Un récord de éxito comprobado por la industria
- Currículos desarrollados por la industria para la industria
- La estandarización nacional de las destrezas aprendidas y créditos educacionales, proveyendo credenciales portátiles
- Cumplimiento con los requisitos de programas de aprendizaje, entrenamiento, de empleadores y de Servicios Laborales (CFR 29:29)
- Bien ilustrada, actualizada e información práctica

NCCER también mantiene un Registro Nacional que provee transcripciones, certificados y tarjetas (o carnés) a aquellos individuos que hayan completado y pasado módulos de los curriculos estandarizados de NCCER. *Los programas de entrenamiento deben ser provistos por algún patrocinador acreditado por NCCER para recibir dichas credenciales.*

Currículos Estandarizados de NCCER

Los programas de entrenamiento de NCCER comprenden más de 80 áreas de construcción, mantenimiento y tuberías e incluyen evaluación de habilidades, entrenamiento en seguridad y educación gerencial.

Boilermaking
Cabinetmaking
Carpentry
Concrete Finishing
Construction Craft Laborer
Construction Technology
Core Curriculum:
  Introductory Craft Skills
Drywall
Electrical
Electronic Systems Technician
Heating, Ventilating, and
  Air Conditioning
Heavy Equipment Operations
Highway/Heavy Construction
Hydroblasting
Industrial Coating and Lining
  Application Specialist
Industrial Maintenance
  Electrical and
  Instrumentation Technician
Industrial Maintenance
  Mechanic
Instrumentation
Insulating
Ironworking
Masonry
Millwright
Mobile Crane Operations
Painting
Painting, Industrial
Pipefitting
Pipelayer
Plumbing
Reinforcing Ironwork
Basic Rigger
Intermediate Rigger
Advanced Rigger
Scaffolding
Sheet Metal
Signal Person
Site Layout
Sprinkler Fitting
Tower Crane Operator
Welding

Green/Sustainable Construction

Building Auditor
Fundamentals of Weatherization
Introduction to Weatherization
Sustainable Construction
  Supervisor
Weatherization Crew Chief
Weatherization Technician
Your Role in the Green
  Environment

Energy

Alternative Energy
Introduction to the Power
  Industry
Introduction to Solar
  Photovoltaics
Introduction to Wind Energy
Power Industry Fundamentals
Power Generation Maintenance
  Electrician
Power Generation I&C
  Maintenance Technician
Power Generation Maintenance
  Mechanic
Power Line Worker
Power Line Worker: Distribution
Power Line Worker: Substation
Power Line Worker:
  Transmission
Solar Photovoltaic Systems
  Installer
Wind Turbine Maintenance
  Technician

Pipeline

Control Center Operations,
  Liquid
Corrosion Control
Electrical and Instrumentation
Field Operations, Liquid
Field Operations, Gas
Maintenance
Mechanical

Safety

Field Safety
Safety Orientation
Safety Technology

Management

Fundamentals of Crew
  Leadership
Project Management
Project Supervision

Supplemental Titles

Applied Construction Math
Careers in Construction
Tools for Success

Spanish Translations

Rigging Fundamentals
  (Principios Básicos de
  Maniobras)
Carpentry Fundamentals
  (Introducción a la
  Carpintería, Nivel Uno)
Carpentry Forms
  (Formas para Carpintería,
  Nivel Trés)
Concete Finishing, Level One
  (Acabado de Concreto,
  Nivel Uno)
Core Curriculum:
  Introductory Craft Skills
  (Currículo Básico:
  Habilidades Introductorias
  del Oficio)
Drywall, Level One
  (Paneles de Yeso, Nivel Uno)
Electrical, Level One
  (Electricidad, Nivel Uno)
Field Safety
  (Seguridad de Campo)
Insulating, Level One
  (Aislamiento, Nivel Uno)
Masonry, Level One
  (Albañilería, Nivel Uno)
Pipefitting, Level One
  (Instalación de Tubería
  Industrial, Nivel Uno)
Reinforcing Ironwork, Level One
  (Herreria de Refuerzo,
  Nivel Uno)
Safety Orientation
  (Orientación de Seguridad)
Scaffolding
  (Andamios)
Sprinkler Fitting, Level One
  (Instalación de Rociadores,
  Nivel Uno)

Reconocimientos

Este currículo pudo ser revisado gracias a la visión y el liderazgo de los siguientes patrocinadores:

Bay LTD
Carolina Bridge, Inc.
Constellation Energy
The Crosby Group, Inc.
Crossland Construction Company, Inc.
ExxonMobil
KBR, Inc.
LPR Construction Company
Miller & Long Concrete Construction
North American Crane Bureau, Inc.
Skyview Construction & Engineering, Inc.

Este currículo no existiría si no fuera por la dedicación y la generosa energía de aquellos voluntarios que prestaron su servicio en el equipo de autores. Nuestro más sincero agradecimiento a:

Phillip Allen
Danny Bishop
Ted Blanton Sr.
Michael Eggenberger
Raymond Garner
Alan Jenkins
Frank Jones
Anthony Johnson
Paul Kuber
Bryan McClure
Richard Nickel
Nelson Plumb
Larry Proemsey
John Willis

Entidades Patrocinadoras de NCCER

American Fire Sprinkler Association
Associated Builders and Contractors, Inc.
Associated General Contractors of America
Association for Career and Technical Education
Association for Skilled and Technical Sciences
Carolinas AGC, Inc.
Carolinas Electrical Contractors Association
Center for the Improvement of Construction Management and Processes
Construction Industry Institute
Construction Users Roundtable
Construction Workforce Development Center
Design Build Institute of America
Merit Contractors Association of Canada
Metal Building Manufacturers Association
NACE International
National Association of Minority Contractors
National Association of Women in Construction
National Insulation Association
National Ready Mixed Concrete Association
National Technical Honor Society
National Utility Contractors Association
NAWIC Education Foundation
North American Technician Excellence
Painting & Decorating Contractors of America
Portland Cement Association
SkillsUSA
Steel Erectors Association of America
The Manufacturers Institute
U.S. Army Corps of Engineers
University of Florida, M. E. Rinker School of Building Construction
Women Construction Owners & Executives, USA

Entidades Patrocinadoras de NCCER

Índice

ES00106-09
Aparejamiento básico

Explica cómo se utilizan las sogas, cadenas, polipastos, cargadoras y grúas para mover material y equipos de un lugar a otro en un lugar de trabajo. Describe las técnicas de inspección y las prácticas de seguridad al manipular la carga. Además aborda las señales manuales de la Sociedad Estadounidense de Ingenieros Mecánicos (ASME). (15 horas)

ES38101-11
Equipos de aparejamiento

Describe el uso y la inspección de equipos e implementos básicos utilizados en el aparejamiento, lo que incluye eslingas, cables, cadenas e implementos de sujeción como grilletes, cáncamos y ganchos, como así también nudos de aparejamiento. Explica los ángulos de las eslingas. Cubre remolcadores, gatos, polipastos y garruchas. (10 horas)

ES38102-11
Prácticas de aparejamiento

Describe los peligros relacionados con las grúas y el aparejamiento básico, como así también las prácticas de seguridad relacionadas con las actividades generales de aparejamiento, el trabajo cerca de cables de alta tensión y la respuesta ante emergencias. Cubre procedimientos para utilizar eslingas, tuberías de aparejamiento y válvulas. (15 horas)

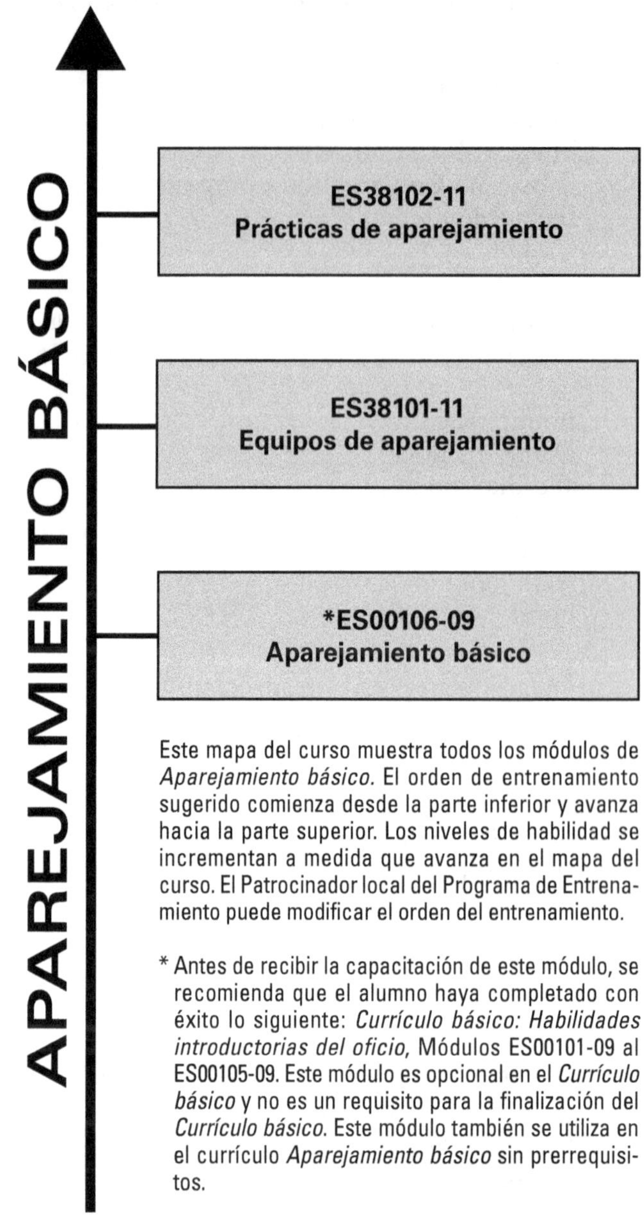

Este mapa del curso muestra todos los módulos de *Aparejamiento básico.* El orden de entrenamiento sugerido comienza desde la parte inferior y avanza hacia la parte superior. Los niveles de habilidad se incrementan a medida que avanza en el mapa del curso. El Patrocinador local del Programa de Entrenamiento puede modificar el orden del entrenamiento.

* Antes de recibir la capacitación de este módulo, se recomienda que el alumno haya completado con éxito lo siguiente: *Currículo básico: Habilidades introductorias del oficio*, Módulos ES00101-09 al ES00105-09. Este módulo es opcional en el *Currículo básico* y no es un requisito para la finalización del *Currículo básico.* Este módulo también se utiliza en el currículo *Aparejamiento básico* sin prerrequisitos.

Aparejamiento básico

ES00106-09

Los estudiantes que hayan finalizado los módulos con éxito cumplen con los requisitos para la acreditación mediante el Registro nacional de NCCER. Para obtener más información, visite **www.nccer.org** o comuníquese con nosotros al **1.888.622.3720**. Nuestro sitio web cuenta con información sobre los lanzamientos de productos y capacitaciones más recientes, así como versiones en línea de nuestro boletín informativo *Cornerstone* y el catálogo de productos de NCCER de Pearson.

Nos interesa recibir sus comentarios. Puede enviarlos a **curriculum@nccer.org**, enviar consultas y comentarios generales a **info@nccer.org** o utilizar el formulario de Actualización de usuario en la parte trasera de este módulo.

Aparejamiento básico

Objetivos

Cuando haya completado este módulo, el alumno podrá hacer lo siguiente:

1. Identificar y describir el uso de eslingas y equipos comunes de implementos de aparejamiento.
2. Describir las técnicas de inspección básicas y los criterios de rechazo de eslingas e implementos.
3. Describir las configuraciones básicas de enganches y las conexiones pertinentes.
4. Describir las prácticas seguras de manejo de carga básico.
5. Demostrar el uso correcto de las señales manuales de la Sociedad Estadounidense de Ingenieros Mecánicos (ASME).

Tareas de desempeño

Bajo la supervisión del instructor, deberá ser capaz de hacer lo siguiente:

1. Seleccionar e inspeccionar las eslingas correctas para realizar una elevación.
2. Con varias cargas, determinar el enganche correcto que debe utilizarse.
3. Seleccionar e inspeccionar el implemento o equipo de elevación correcto.
4. Demostrar o simular las técnicas correctas para conectar enganches.
5. Demostrar el uso correcto de todas las señales manuales según las normas B30.2 y B30.5 de la ASME.
6. Describir o demostrar las verificaciones de seguridad previas a la elevación.
7. Demostrar o simular cómo elevar el nivel de carga.
8. Describir o demostrar las precauciones de seguridad para sujetar y desconectar una carga.

Términos clave del oficio

Abrazadera de elevación
Alcance de la eslinga
Alma
Ángulo de la eslinga
Anillo de conexión
Aparejo de poleas
Apuntalado
Brazos de la eslinga
Brida
Cable
Cáncamo
Capacidad de peso
Capacidad nominal
Carga
Control de la carga
Criterios de rechazo
Cuerda guía
Empalme
Empuje lateral
Enganche
Eslabón maestro
Eslinga
Eslinga de anillo
Fuste roscado
Gancho de aparejamiento
Gestión de riesgos
Grillete
Hilo de advertencia
Indicador de daño
Pasacabo
Paso de un cable
Plano
Polea
Polipasto
Señales manuales de la ASME
Tensión
Tensión de la carga
Tensión de la eslinga
Torón

Índice

Los temas que vamos a presentar en este módulo comprenden:

Índice (continuación)

Figuras y tablas

Figuras y tablas (continuación)

1.0.0 INTRODUCCIÓN

El aparejamiento es el movimiento planeado de material y equipos de un lugar a otro, utilizando **eslingas**, **polipastos** u otros tipos de equipos. Para algunas operaciones de aparejamiento, se pueden utilizar cargadoras mecánicas para desplazar materiales en el lugar de trabajo. Otras operaciones requieren grúas para elevar dichas **cargas**. Hay dos tipos básicos de grúas: de puente (*Figura 1*) y móviles (*Figura 2*).

Este módulo provee información básica sobre lo siguiente:

- Eslingas
- **Enganches**
- Implementos de aparejamiento
- Los principios y las prácticas de las que dependen las operaciones de aparejamiento seguras y eficientes

A este prematuro punto de su carrera, no se le pedirá que realice tareas de aparejamiento sin supervisión. No intente realizar ninguna operación de aparejamiento por sí solo. Todas las operaciones de aparejamiento deben realizarse bajo la supervisión de una persona competente. Incluso en tal caso, es importante que comprenda las nociones básicas de los siguientes aspectos del aparejamiento:

- los tipos de eslingas y equipos que posiblemente utilice;
- cómo determinar si su equipo puede ser utilizado;
- el uso correcto de los tipos más comunes de eslingas e implementos;
- cómo seleccionar el equipo de aparejamiento correcto y cómo ciertos factores, como por ejemplo la **tensión de carga**, afectan esa selección.

El nivel básico de aparejamiento está diseñado para brindarle una introducción a los principios básicos del aparejamiento. Estos principios básicos se aplican tanto si se está utilizando una sola pieza de tubería, un paquete de madera o un generador de vapor de 850 toneladas.

Las operaciones de aparejamiento pueden ser extremadamente complicadas y peligrosas. No experimente con operaciones de aparejamiento, y nunca intente realizar una elevación por sí solo, sin la supervisión de una persona calificada y

En el lugar

Las grúas móviles más grandes del mundo

Algunas de las grúas más grandes del mundo son construidas por Mammoet en los Países Bajos. Tres de ellas forman parte de la flota. Una de las grúas se llama Platform Twinring (plataforma de anillo doble). Las otras dos se denominan PTC, que significa Platform Twinring Containerised (plataforma de anillo doble, apta para contenedor). Estas dos se pueden desarmar en contenedores de transporte de 20 y 40 pies (6 y 12 metros), y cada una de sus piezas se puede elevar con una grúa para contenedores normal en cualquier puerto del mundo. Los accesorios ya están moldeados en los extremos, por lo cual las PTC pueden descargarse desde cualquier grúa para contenedores en cualquier remolque de camión que normalmente lleve contenedores de transporte. Estas grúas gigantes tienen una capacidad máxima de carga de 1.600 toneladas.

106SA01.EPS

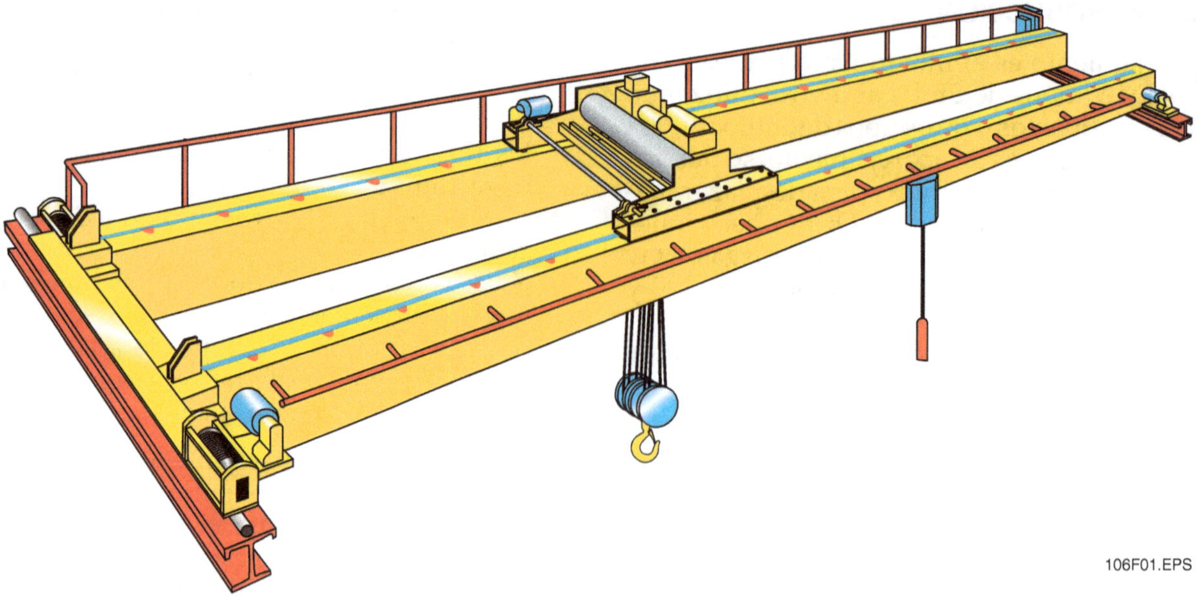

106F01.EPS

Figura 1 Grúa de puente.

reconocida oficialmente. Realizar una elevación puede parecer algo sencillo cuando está en curso. Ello se debe a que las personas que la realizan saben exactamente lo que están haciendo. ¡No caben las adivinanzas!

ADVERTENCIA

Aunque este módulo le ofrece una introducción a los criterios que se usan para tomar decisiones sobre aparejamiento, usted no tomará decisiones por sí mismo a esta altura de su entrenamiento. Si en algún momento tiene alguna duda acerca de si una eslinga sintética es defectuosa o poco segura, consulte a su instructor o a su supervisor inmediato. Siempre consulte las instrucciones del fabricante para conocer los criterios de rechazo de esa eslinga en particular.

106F02A.EPS

106F02B.EPS

Figura 2 Grúas móviles.

En el lugar

Normas y procedimientos del lugar

La información en este módulo busca servir como una guía general. Las técnicas que se muestran aquí no son los únicos métodos para realizar una elevación. Existen muchas técnicas que pueden usarse de manera segura para colocar en un aparejo y elevar diferentes cargas (el monto total a elevar).

Algunas de las técnicas para ciertos tipos de aparejamiento y elevación se detallan en los requisitos emitidos por las entidades del gobierno federal. Algunas se informarán en el lugar del trabajo, donde usted verá, por escrito, los procedimientos del lugar relativos a cualquier condición especial que afecte los procedimientos de elevación en ese lugar. Si tiene alguna pregunta acerca de alguno de estos procedimientos, consulte al supervisor del lugar.

Sólo las personas calificadas pueden realizar operaciones de aparejamiento sin supervisión, independientemente de si éstas implican una simple elevación vertical, la utilización de un polipasto motorizado o un artefacto de alta complejidad.

2.0.0 ESLINGAS

Durante una operación de aparejamiento, la carga que se está moviendo debe conectarse al dispositivo (por ejemplo, una grúa) que esté realizando el movimiento. El conector (el enlace entre la carga y el dispositivo de elevación) es, con frecuencia, una eslinga hecha de materiales sintéticos, cadenas o **cable.**

En esta sección, aprenderá acerca de tres tipos de eslingas:

- Eslingas sintéticas
- Eslingas de cadena de acero de aleación
- Eslingas de cable

2.1.0 Requisitos de etiquetado

Se requiere que todas las eslingas tengan etiquetas de identificación (*Figura 3*). Una etiqueta de identificación debe estar sujeta, de manera segura, a cada eslinga y debe estar marcada claramente con la información que ese tipo de eslinga requiere. Para los tres tipos de eslingas, esta información incluirá el nombre del fabricante o la marca comercial y la **capacidad nominal** del tipo de enganche que se utiliza con esa eslinga. La capacidad nominal es el peso máximo de carga que la eslinga puede soportar. El Apéndice contiene cuadros de capacidad nominal para los distintos tipos de eslingas. Este módulo comprende eslingas sintéticas, de cadenas de acero de aleación y de cable.

Los siguientes son los requisitos de etiquetado de las eslingas sintéticas:

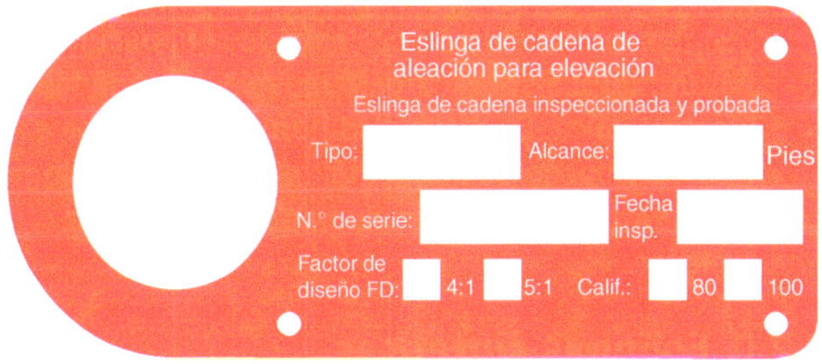

106F03.EPS

Figura 3 Etiqueta de identificación.

- nombre del fabricante o marca comercial;
- número de existencia o código del fabricante (único para cada eslinga);
- capacidades nominales para los tipos de enganches utilizados;
- tipo de material sintético utilizado en la fabricación de la eslinga.

Los siguientes son los requisitos de etiquetado de las eslingas de cadena de acero de aleación:

- nombre del fabricante o marca comercial;
- clasificación de fábrica del acero;
- tamaño del eslabón (diámetro);
- calificación de la carga y ángulo en el que se basa la calificación;
- aclaración del ángulo en el que se basa la capacidad, según la Norma 2003 de la ASME;
- **alcance de la eslinga;**
- cantidad de **brazos de la eslinga**;

¿Sabía usted?

Etiquetas de identificación de eslingas

Las etiquetas de identificación que deben llevar todas las eslingas deben estar sujetas a las eslingas de manera segura y deben estar marcadas claramente con la información que cada tipo de eslinga requiere.

Las siguientes son las recomendaciones de etiquetado de las eslingas de cable:

- nombre del fabricante o marca comercial;
- capacidad nominal en un enganche vertical (otros enganches, opcional);
- tamaño del cable (diámetro);
- número de existencia o código del fabricante (único para cada eslinga).

ADVERTENCIA

Todas las eslingas e implementos tienen una capacidad nominal, también denominada capacidad de elevación, capacidad de trabajo o límite de carga para trabajar (WLL, por sus siglas en inglés). ¡Nunca exceda la capacidad nominal! La sobrecarga puede causar una falla catastrófica. La capacidad nominal se define como el peso de carga máximo que una eslinga o un implemento o equipo pueden sostener o elevar.

2.2.0 Eslingas sintéticas

Las eslingas sintéticas son muy utilizadas para elevar cargas, en especial las que se dañan con facilidad. En esta sección, aprenderá acerca de dos tipos de eslingas sintéticas: eslingas de red sintética y eslingas redondas.

2.2.1 Diseño y características de las eslingas de red sintética

Las eslingas de red sintética ofrecen varias ventajas respecto de otros tipos de eslingas:

- Son blandas y más anchas que las eslingas de cable o cadena. Por lo tanto, no rayan ni dañan las superficies maquinadas o delicadas (*Figura 4*).
- No se oxidan ni corroen, por lo que tampoco manchan la carga que levantan.
- Son livianas, por lo cual son más fáciles de manipular que las eslingas de cable o cadena. La mayoría de las eslingas sintéticas pesan menos de la mitad que un cable con la misma capacidad nominal. Algunas eslingas sintéticas nuevas pesan un décimo del peso del cable.
- Son flexibles. Se moldean a la forma de la carga (*Figura 5*).
- Son muy elásticas, y, cuando se cargan, se estiran mucho más que el cable. Esta capacidad de estirarse permite que las eslingas sintéticas absorban los impactos y amortigüen la carga.
- Las cargas suspendidas en eslingas de red sintética tienen menos probabilidades de girarse que las suspendidas en eslingas de cable o cadena.

Figura 4 Protección de la superficie.

PRECAUCIÓN

Si la eslinga no viene con cojinetes protectores, use otro tipo de protector lo suficientemente resistente o grueso como para proteger la eslinga. Pueden usarse trozos de eslinga, manguera contra incendios, lienzo o caucho.

Figura 5 Forma de la eslinga de red sintética.

Las eslingas de red sintéticas no deben exponerse a temperaturas mayores a los 180 °F (82 °C). Además, son susceptibles a cortes, abrasiones y otros daños por desgaste. Para evitar dañar las eslingas de red sintética, los aparejadores deben usar cojinetes protectores (*Figura 6*).

La mayoría de las eslingas de red sintética se fabrican con un alma de **hilos de advertencia** rojos. Estos se usan para que el aparejador sepa cuándo la eslinga se ha dañado demasiado como para ser utilizada. Cuando estos hilos están expuestos, la eslinga de red sintética no debe utilizarse (*Figura 7*). Los hilos rojos del alma no deben usarse de manera exclusiva.

2.2.2 Tipos de eslingas de red sintética

Hay varios diseños de eslingas de red sintéticas disponibles. Los más comunes son los siguientes (*Figura 8*):

- Eslingas de red sin fin, también llamadas **eslingas de anillo**.
- Las eslingas redondas, que son infinitas y están hechas de un círculo continuo de hilos de filamento de poliéster. El hilo luego es recubierto con un revestimiento tejido.
- Eslingas de red sintéticas de doble ojal, las cuales se fabrican cosiendo un extremo de la eslinga directamente al cuerpo de la eslinga. Las eslingas de doble ojal estándar tienen ojales en el mismo **plano**; las eslingas de doble ojal torcido tienen ojales en ángulos rectos entre sí (*Figura 9*) y se usan principalmente para enganches de estrangulación (los cuales se explican más adelante).

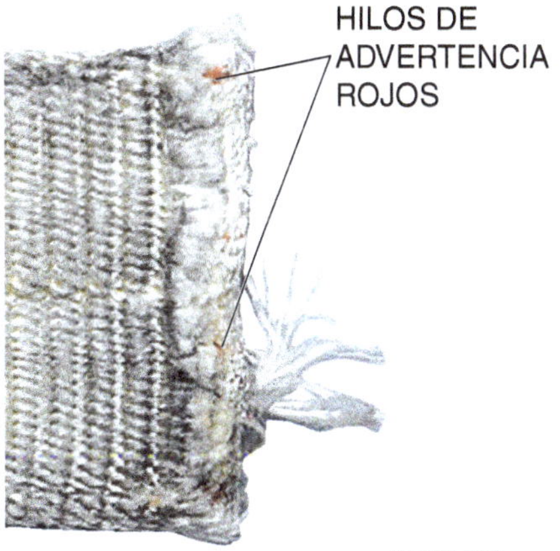

106F07.EPS

Figura 7 Hilos de advertencia de una eslinga de red sintética.

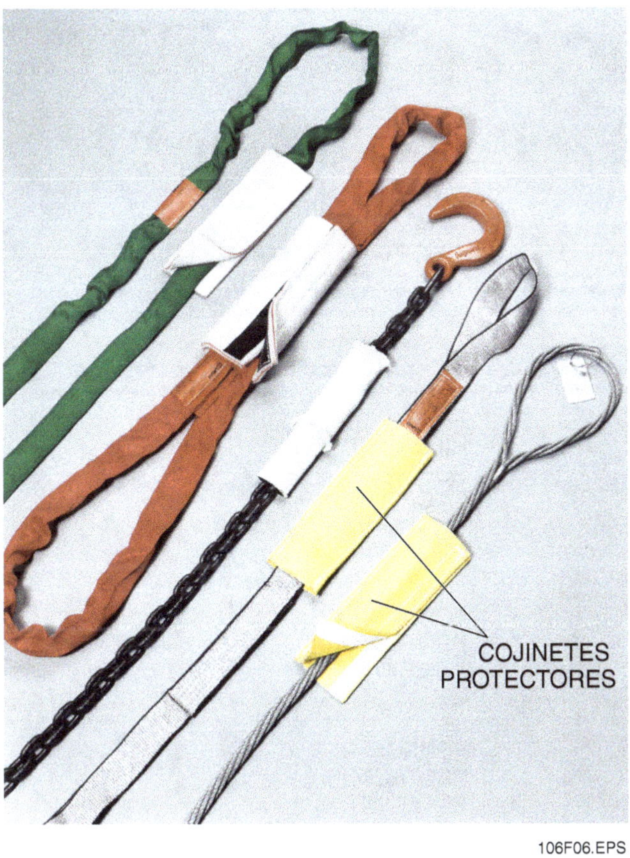

106F06.EPS

Figura 6 Cojinetes protectores.

Figura 8 Eslingas de red sintética.

106F09A.EPS

ESTÁNDAR

106F09B.EPS

TORCIDA

Figura 9 Eslingas de red sintética de doble ojal.

Las eslingas de red sintética de doble ojal también están disponibles con piezas de extremidad en vez de ojales de tela. Las piezas de extremidad estándares están hechas de aluminio o, bien, de acero. Vienen en configuraciones macho y hembra (*Figura 10*).

2.2.3 Diseño y características de las eslingas redondas

Las eslingas Twin-Path® se fabrican enrollando hilos sintéticos alrededor de una serie de husos para formar un bucle. Un forro protector envuelve el alma de hilos (*Figura 11*).

Las eslingas Twin-Path® están hechas de fibra sintética, como el poliéster. El material utilizado para formar las **hebras** y la cantidad de vueltas de un bucle determinan la capacidad nominal de la eslinga, o cuánto peso puede levantar. Las eslingas redondas de aramida, por ejemplo, tienen una mayor capacidad nominal que las eslingas de red.

Las eslingas Twin-Path® también pueden tener un diseño de dos vueltas de hebras enrolladas y separadas, ubicadas una al lado de la otra y unidas dentro del forro (*Figura 12*). Este diseño aumenta enormemente la capacidad de elevación de la eslinga.

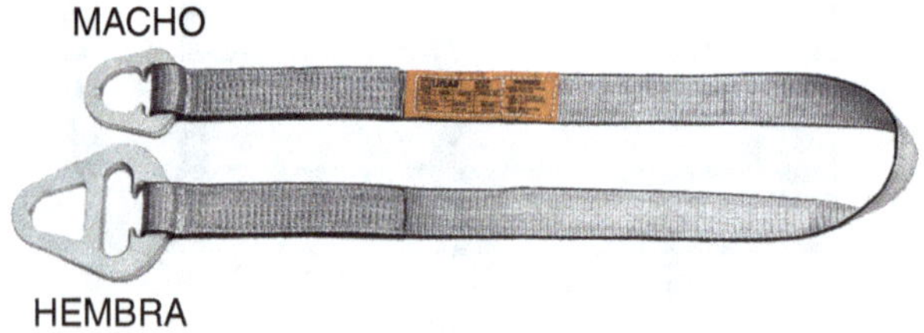

106F10.EPS

Figura 10 Accesorios de extremidad de eslingas de red sintética.

¿Sabía usted?

Toda eslinga que no tenga su etiqueta de identificación debe sacarse de servicio de inmediato. Se la puede entregar a un inspector de aparejamiento calificado.

Los forros de estas eslingas están disponibles en varios materiales para diversos fines, incluido el material termorresistente Nomek®, poliéster y el nailón en bloque (Covermax™) (*Figura 13*). Las eslingas Twin-Path® con hilo K-Spec® pesan al menos un 50 % menos que una eslinga redonda de poliéster del mismo tamaño y capacidad.

Las eslingas Twin-Path® están equipadas con hilos **indicadores de daño** para ayudar al aparejador a determinar si la eslinga se sobrecargó o tensó más allá del límite de seguridad (*Figura 14*). Estas eslingas también vienen con un cable de inspección de fibra óptica que atraviesa las hebras (*Figura 15*). Cuando se apunta una luz a un extremo de la fibra, el otro extremo se iluminará y así se demuestra que la hebra no ha sido rota.

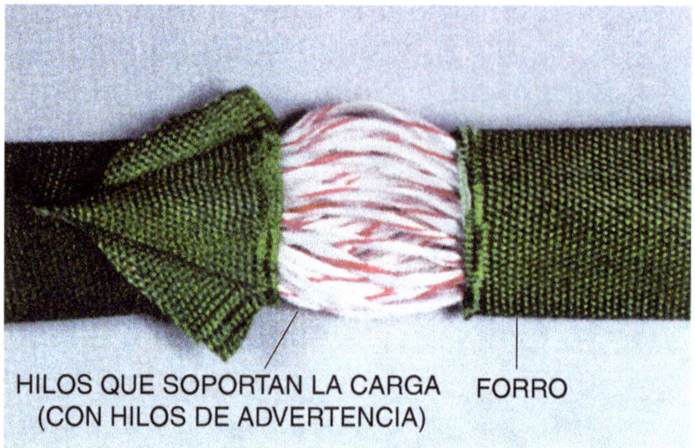

106F11.EPS

Figura 11 Eslinga sintética con forro de hebras sin fin.

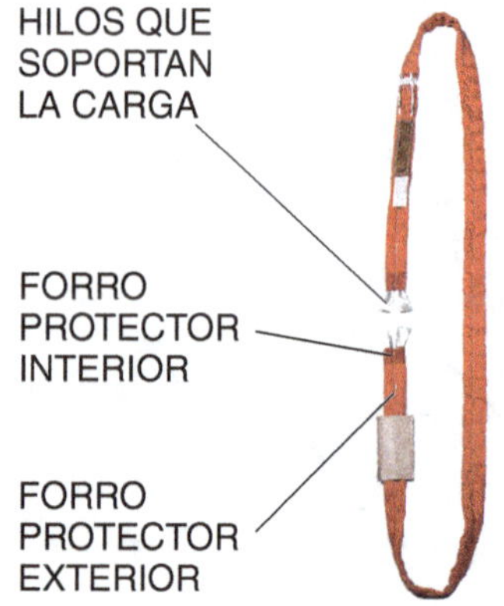

106F12.EPS

Figura 12 Eslinga Twin-Path®.

La manera en la que se utilizará la eslinga determina qué material se usa para los forros de las eslingas redondas. Para forros de eslingas para trabajos livianos a medios, generalmente se usa poliéster. Covermax™, un material de alta resistencia mucho más resistente al corte y la abrasión, se utiliza para hacer un forro más fuerte para usos en trabajos pesados.

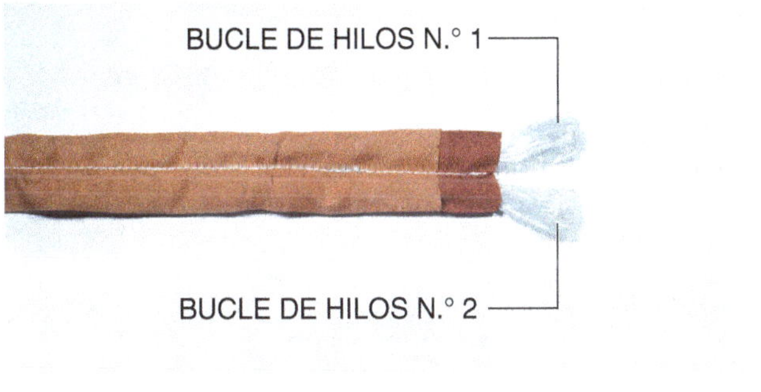

106F13.EPS

Figura 13 Composición de la eslinga Twin-Path®.

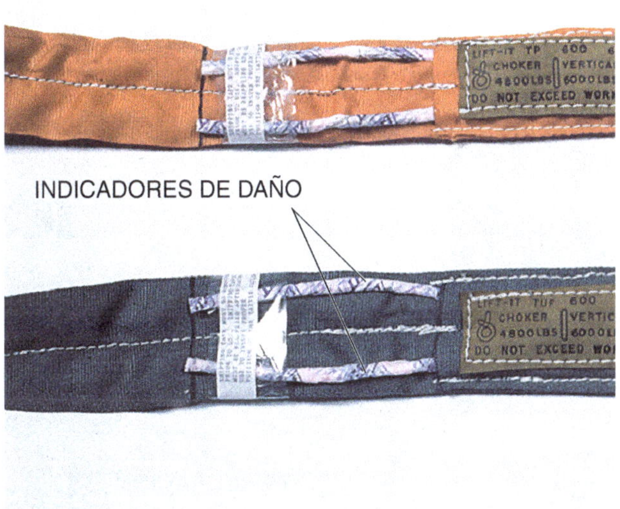

106F14.EPS

Figura 14 Indicadores de daño.

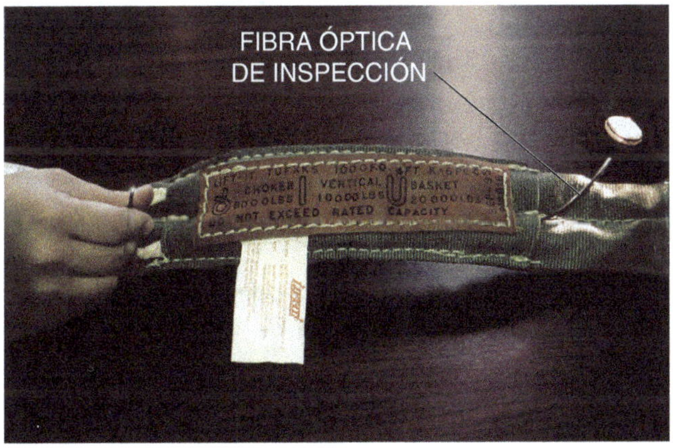

106F15.EPS

Figura 15 Cable de inspección de fibra óptica.

2.2.4 Inspección de eslingas sintéticas

Como toda eslinga, las eslingas sintéticas deben inspeccionarse antes de cada uso para determinar si están en buen estado y si pueden ser utilizadas. Las debe inspeccionar en toda su extensión, tanto de manera visual (mirándolas) como manual (tocándolas con la mano). Si se cumple alguno de los **criterios de rechazo**, la eslinga debe sacarse de servicio.

> **¡ADVERTENCIA!**
>
> El aparejador siempre debe inspeccionar las eslingas sintéticas antes de usarlas, en cada oportunidad. El aparejador debe inspeccionarlas mirándolas y tocándolas, porque a veces el daño se percibe al tacto pero no se puede ver.

2.2.5 Criterios de rechazo de las eslingas sintéticas

Si una eslinga sintética cumple alguno de los criterios de rechazo que se presentan en esta sección, la debe sacar de servicio de inmediato. Asimismo, el aparejador debe aplicar su buen juicio. Además de buscar problemas importantes aislados, el aparejador debe verificar que la eslinga sintética no presente combinaciones de defectos relativamente menores. Las combinaciones de daños menores pueden hacer que sea poco seguro usar la eslinga, incluso aunque tales defectos no estén enumerados entre los criterios de rechazo.

Si usted está ayudando a inspeccionar eslingas sintéticas, alerte a su supervisor ante la sospecha de cualquier defecto, en especial si observa alguno de los siguientes criterios de rechazo por daño en eslingas sintéticas (*Figura 16*):

- Falta o no puede leerse una etiqueta de identificación. Toda eslinga sintética que no tenga su etiqueta de identificación debe sacarse de servicio de inmediato.
- Abrasión que haya desgastado y atravesado el forro exterior o que haya dejado expuesto el hilo que soporta la carga de la eslinga, o que haya dejado expuesto el hilo de advertencia de una eslinga de red.
- Corte que haya separado el forro exterior o dejado expuesto el hilo que soporta la carga (forro de una capa) de una eslinga redonda o que haya dejado expuesto el hilo de advertencia de una eslinga de red.
- Desgarro que haya dejado expuesto el forro interior o los hilos que soportan la carga (forro de una capa) de una eslinga redonda o que haya dejado expuesto el hilo de advertencia de una eslinga de red.

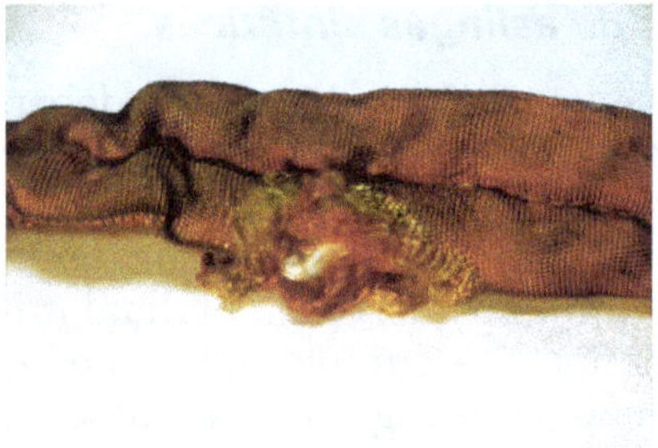

(A)
ABRASIÓN DE RED
Y FORRO

106F16A.EPS

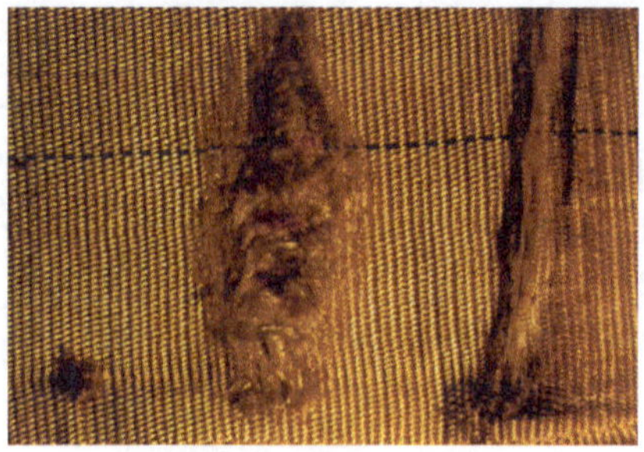

(B)
ABRASIÓN DE FORRO
Y RED DE LA ESLINGA

106F16B.EPS

(C)
ABRASIÓN SEVERA

106F16C.EPS

(D)
ABRASIÓN MENOR

106F16D.EPS

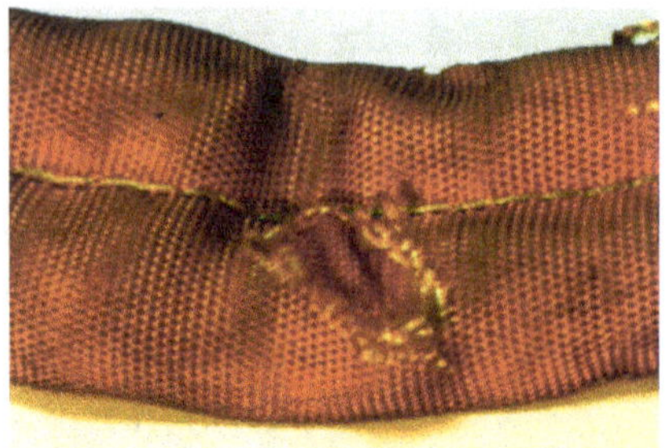

(E)
CORTE EN FORRO EXTERIOR

106F16E.EPS

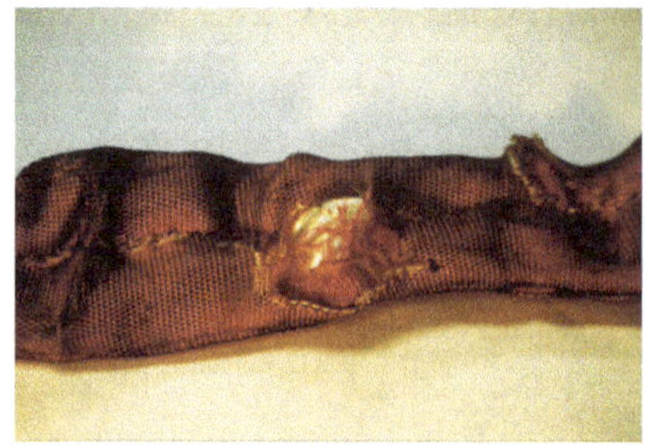

(F)
CORTES EN FORRO
INTERIOR Y EXTERIOR

106F16F.EPS

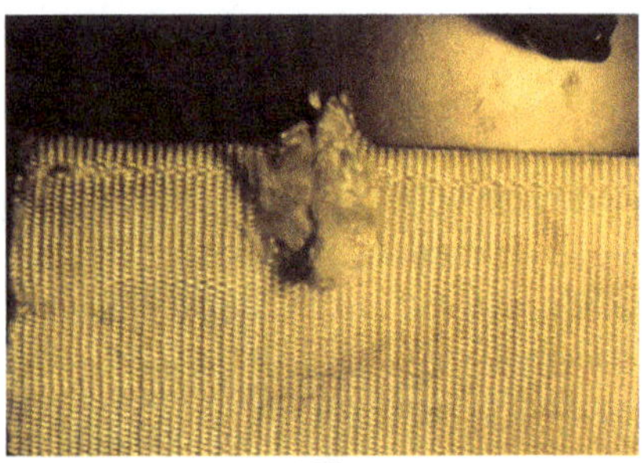

(G)
CORTE

106F16G.EPS

(H)
CORTE QUE EXHIBE HILOS
DE ADVERTENCIA

106F16H.EPS

(I)
PERFORACIÓN

106F16I.EPS

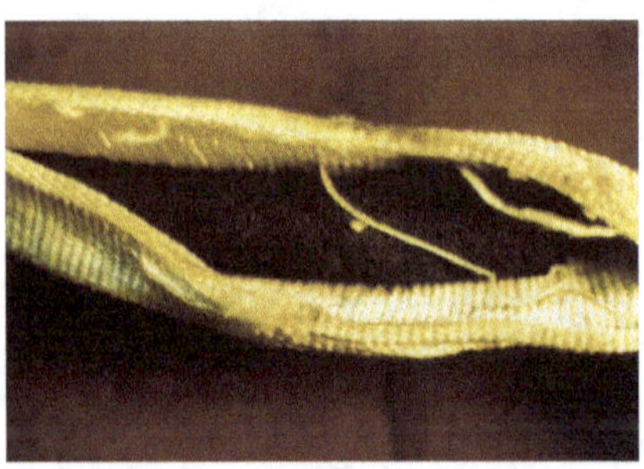

(J)
COSTURA O EMPALME ROTO

106F16J.EPS

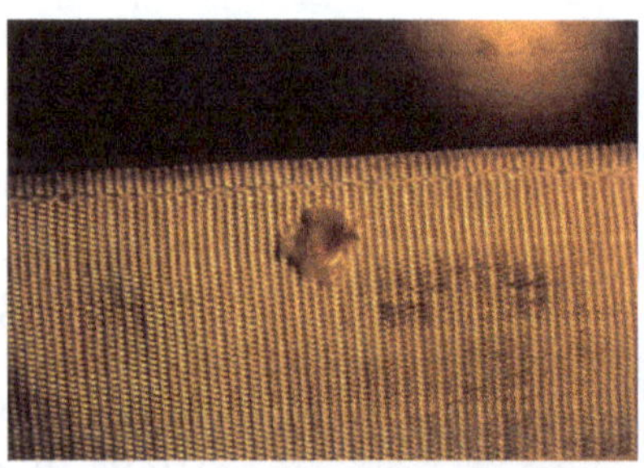

(K)
ENGANCHE QUE EXHIBE HILO ROJO

106F16K.EPS

(L)
DAÑO POR TENSIÓN

106F16L.EPS

Figura 16 Criterios de rechazo por daño de la eslinga. (1 de 2)

(M)
ROTURA POR TENSIÓN

106F16M.EPS

(N)
DAÑO POR SOBRECARGA
(INDICADORES DE DAÑO
HACIA ADENTRO)

106F16N.EPS

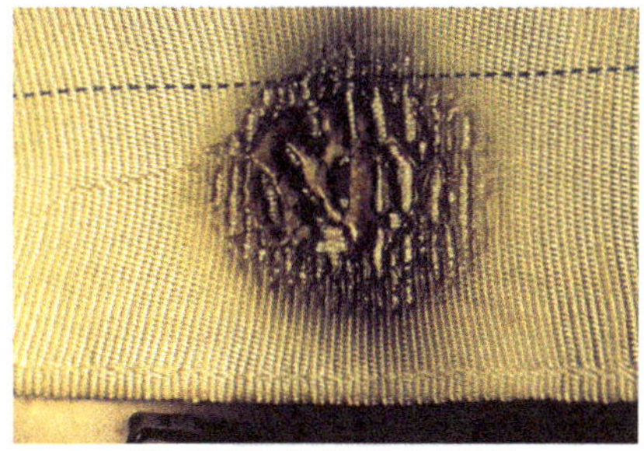

(O) QUEMADURA POR
FRICCIÓN A CAUSA DE ABRASIÓN
Y DAÑO POR CALOR

106F16O.EPS

(P)
DAÑO SEVERO POR CALOR

106F16P.EPS

Figura 16 Criterios de rechazo por daño de la eslinga. (2 de 2)

- Perforación.
- Costura rota o desgastada en el **empalme** o costura de una eslinga de red.
- Nudo que no puede deshacerse con la mano en una eslinga de red o redonda.
- Enganche en la eslinga que revela el hilo de advertencia de una eslinga de red o un enganche que atraviesa el forro exterior y deja expuestos los hilos que soportan la carga de una eslinga redonda.
- Aplastamiento de una eslinga de red o una eslinga redonda. El aplastamiento de una eslinga de red se siente como un hueco o una depresión en la eslinga. El aplastamiento de una eslinga redonda se siente como un sector rígido y llano debajo del forro.
- Daño por sobrecarga (denominado tensión excesiva o daño por tensión) de una eslinga de red o redonda. El daño por tensión en una eslinga de red se manifiesta cuando el patrón del entramado de la tela comienza a abrirse. Las eslingas Twin-Path® cuentas con indicadores de daño. Cuando el hilo se introduce dentro del forro, ello indica que es posible que la eslinga se haya sobrecargado.
- Daño por productos químicos, lo que incluye decoloración, quemaduras y derretimiento de la tela o el forro.
- Daño por calor, lo que comprende desde quemaduras por fricción hasta derretimiento del material de la eslinga, las hebras que soportan la carga o el forro. Cuando se producen quemaduras por fricción, el material de la red adquiere una textura lisa o de costra. Cuando el daño por calor afecta el forro de una eslinga redonda, ésta se ve acristalada o carbonizada. En eslingas redondas con forros termorresistentes, es posible que no se vea el daño por calor en

En el lugar

Forros de las eslingas

Si solo el forro exterior de una eslinga se encuentra dañado, según el criterio de rechazo, esa eslinga puede devolverse al fabricante para que le coloquen un forro nuevo. Se lo debe probar y certificar antes de usarlo nuevamente. Hacer esto cuesta mucho menos que remplazar la eslinga. Sin embargo, las eslingas que se quitan por daños en el forro a causa de calor o tensión no pueden ser devueltas para su reparación y deben ser desechadas por una persona calificada.

el exterior de la eslinga; sin embargo, es posible que los hilos internos se hayan dañado. El daño se puede detectar manipulando cuidadosamente la eslinga y buscando al tacto fibras frágiles o fundidas dentro de la eslinga, o escuchando el sonido de fibras de hilo fundidas que se parten o rompen al flexionar o doblar la eslinga.

- Daño por radiación ultravioleta (UV). El daño por radiación UV se manifiesta mediante la decoloración del material de la eslinga, lo cual desintegra las fibras sintéticas. Las eslingas de red dañadas por radiación UV suelen despedir una sustancia que parece polvo al flexionarlas y doblarlas. Las eslingas redondas, en especial las hechas de nailón Cordura y otras fibras sintéticas con tratamiento especial, son mucho más resistentes al daño por radiación UV. La tela de las eslingas redondas que se dañan por radiación UV adquieren una textura rugosa, sin que se observen otros signos de daño, como por ejemplo abrasión.
- Pérdida de flexibilidad ocasionada por la presencia de suciedad u otros abrasivos. Es posible darse cuenta que una eslinga ha perdido flexibilidad cuando ésta se vuelve rígida. Las partículas abrasivas que se incrustan en el material de la eslinga actúan como pequeñas cuchillas que cortan las fibras internas de la eslinga cada vez que ésta se tensiona, flexiona o envuelve alrededor de una carga.

2.3.0 Eslingas de cadena de acero de aleación

La cadena de acero de aleación, al igual que el cable (el cual se explica más adelante), puede utilizarse en muchas operaciones de aparejamiento diferentes. Las eslingas de cadena suelen utilizarse para realizar elevaciones de objetos muy calientes o irregulares. Las eslingas de cadena se pueden ajustar por encima de su centro de gravedad, lo cual las hace versátiles. Además, son las más duraderas.

Sin embargo, una eslinga de cadena pesa mucho más que una eslinga de cable. También pueden ser más difíciles de inspeccionar. Encontrará ambos tipos de eslingas en el campo, por lo que deberá decidir qué tipo de eslinga es mejor para cada situación.

2.3.1 Diseño y características de las eslingas de cadena de acero de aleación

Las eslingas de cadena de acero que se usan para elevaciones aéreas deben estar hechas de acero de aleación. Cuanto más alta es la calificación de la aleación, más segura y duradera es la cadena. Las cadenas de acero de aleación que se usan generalmente para la mayoría de las elevaciones aéreas se identifican con el número 8, el número 80, el número 800 o la letra A (*Figura 17*).

Las eslingas de cadena de acero tienen dos diseños básicos con muchas variaciones:

- Las eslingas de una y de dos canastas (*Figura 18*) no requieren implementos de extremidad. La cadena se sujeta al **eslabón maestro** con uno o varios enganches de canasta permanentes.
- Las eslingas de **brida** de cadena están disponibles con dos, tres y cuatro brazos (*Figura 19*). Las eslingas de brida de cadena requieren algún tipo de implemento de extremidad (ganchos de ojal, ganchos agarradores, ganchos de placa, ganchos de aguja o para tuberías (*Figura 20*) o eslabones.

Las eslingas de cadena de acero de aleación se usan para realizar elevaciones cuando la temperatura es elevada o cuando las eslingas serán sometidas a un uso abusivo severo y constante. La mayoría de las eslingas de cadena de acero de aleación se usan ante temperaturas de hasta 500 °F (260 °C) con poca pérdida de capacidad nominal.

Aunque las eslingas de cadena de acero de aleación pueden soportar temperaturas extremas y condiciones de trabajo excesivas, éstas pueden dañarse si las cargas caen sobre ellas, o si se colocan alrededor de cargas con ángulos filosos (a menos que use protectores) o si son expuestas a temperaturas intensas.

PRECAUCIÓN

Nunca arrastre eslingas de cadena de acero de aleación sobre superficies rígidas, en especial de concreto. La fricción contra superficies abrasivas desgasta la cadena y debilita la eslinga.

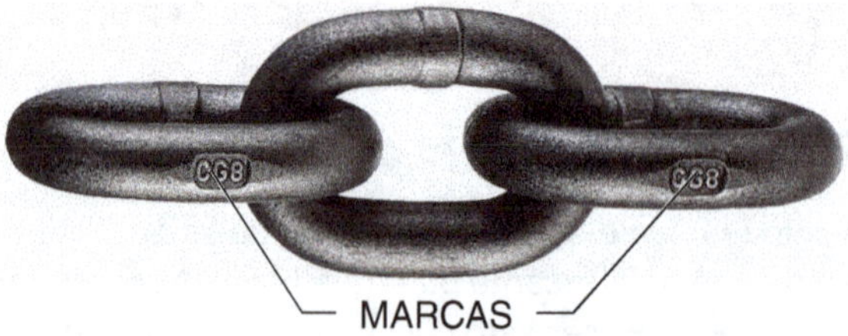

106F17.EPS

Figura 17 Marcas en eslingas de cadena de acero de aleación.

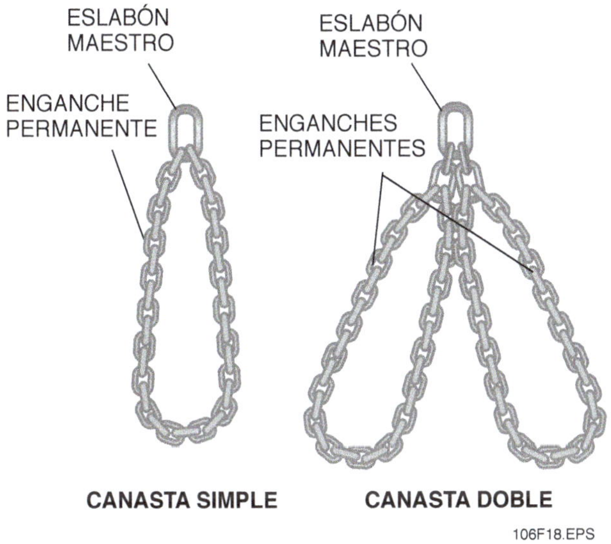

Figura 18 Eslingas de cadena.

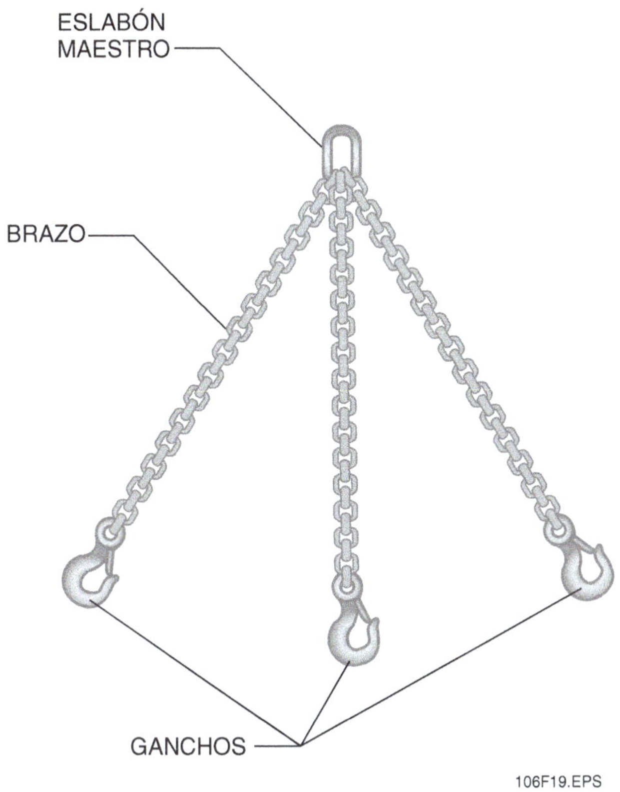

Figura 19 Brida de cadena de tres brazos.

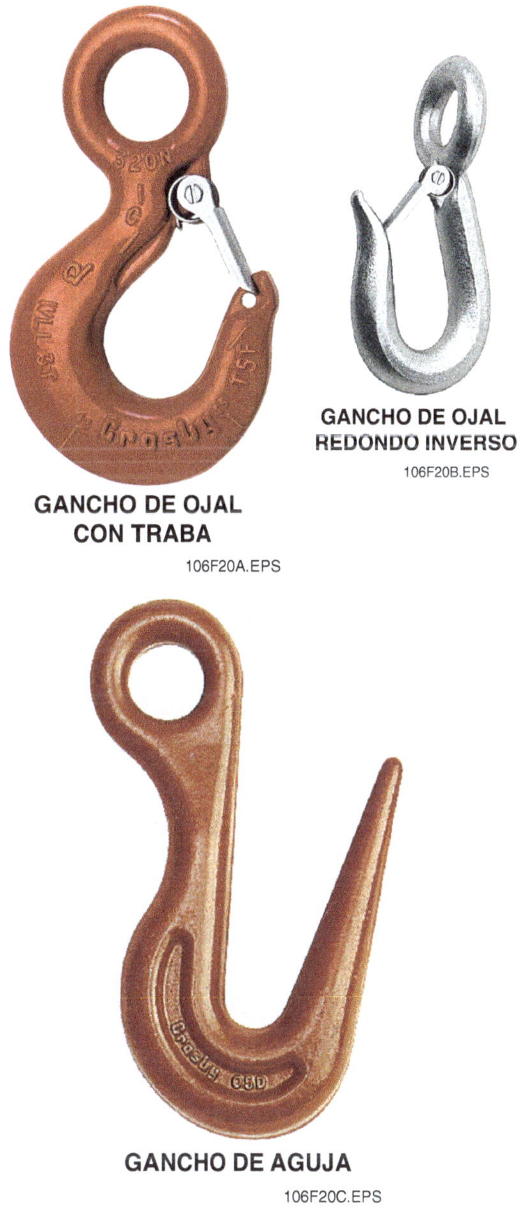

Figura 20 Ganchos de ojal y de aguja.

2.3.2 Inspección de cadenas de acero de aleación

Antes de cada uso, el aparejador debe inspeccionar la eslinga de cadena de acero de aleación para determinar si es seguro utilizarla. Este módulo le ofrece una introducción a los criterios que intervienen en esta decisión pero, a esta altura de su entrenamiento, usted no tomará esta decisión por sí mismo. Si tiene alguna duda acerca de si una eslinga es defectuosa o poco segura y no debe utilizarse, consulte a su instructor o a su supervisor inmediato.

Debe realizarse una inspección visual de las eslingas de cadena de acero antes de cada elevación. Si alguno de los defectos de la cadena coincide con alguno de los criterios de rechazo, la debe sacar de servicio. También es posible que la cadena deba sacarse de servicio si aparece algo que no coincida exactamente con los criterios de rechazo.

2.3.3 Criterios de rechazo de las cadenas de acero de aleación

Las eslingas de cadena de acero de aleación se deben sacar de servicio por cualquiera de los siguientes defectos (*Figura 21*):

- etiqueta de identificación faltante o ilegible;
- grietas;
- daño por calor;
- eslabones estirados: el daño se manifiesta cuando el eslabón se alarga y cuando los cilindros (los lados largos del eslabón) se comienzan a cerrar;
- eslabones doblados;
- eslabones torcidos;
- óxido o corrosión excesivos, es decir, óxido o corrosión que no puede quitarse fácilmente con un cepillo de alambre;
- cortes, astillamientos o muescas producidas por impactos recibidos por la cadena;
- accesorios de extremidad dañados, como por ejemplo ganchos, abrazaderas y otros implementos;
- desgaste excesivo en las superficies que llevan eslabones;
- raspaduras o abrasión.

2.4.0 Eslingas de cable

Las eslingas de cable (*Figura 22*) están hechas de alambres de acero de alta resistencia en forma de torones que se enrollan alrededor de un **alma** de soporte. Son más livianas que las cadenas, pueden soportar un considerable uso abusivo y son más fáciles de manipular que las eslingas de cadena. También pueden soportar temperaturas relativamente altas. Sin embargo, debido a que las eslingas de cable se pueden deslizar, se prefieren las eslingas sintéticas. De todos modos, el cable todavía se usa, por lo que es necesario conocer el diseño y las

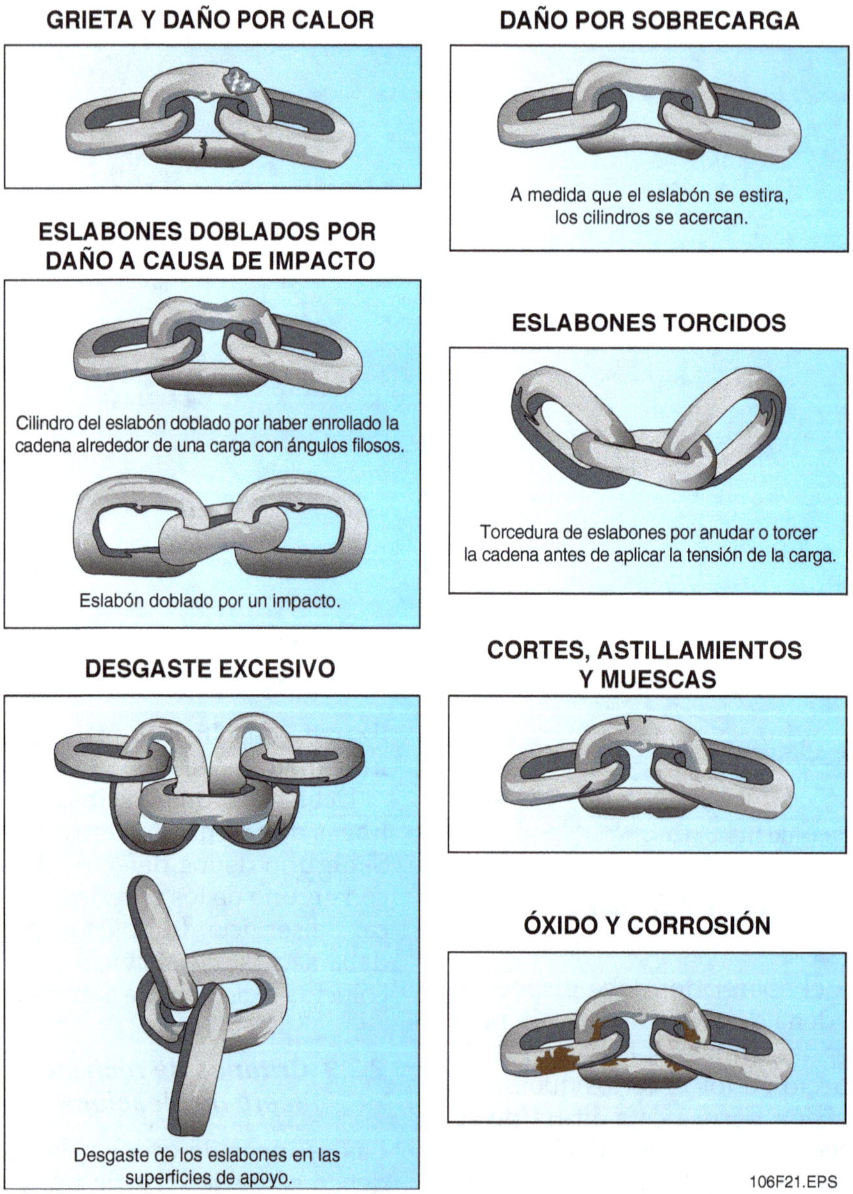

Figura 21 Daño en las cadenas.

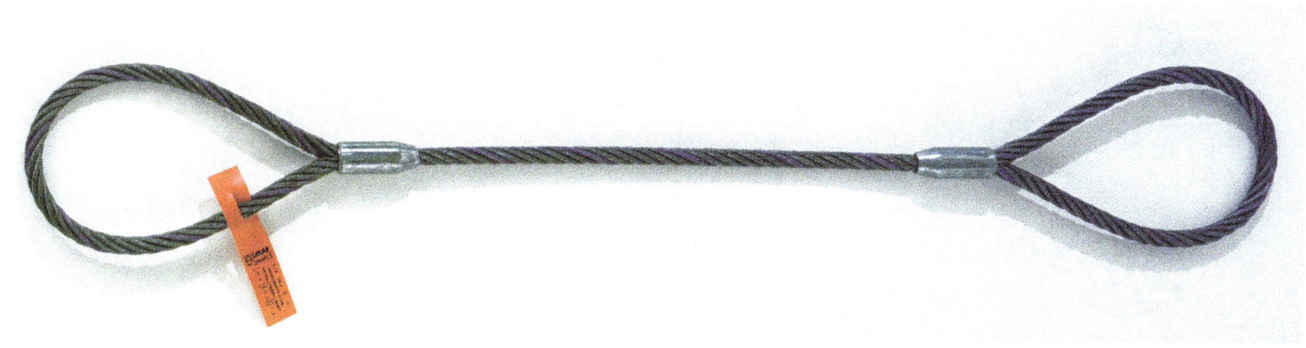

106F22.EPS

Figura 22 Eslinga de cable.

características, las aplicaciones, la inspección y el mantenimiento de este tipo de eslingas.

2.4.1 Diseño y características de las eslingas de cable

Existen muchos tipos de cables. Todos ellos constan de un alma que los soporta, y alambres centrales, cada uno de ellos envueltos con alambres de acero de alta calidad que forman los torones.

El cable ha sido diseñado para funcionar como una máquina que se ajusta sola. Esto quiere decir que el cable tiene partes móviles, al igual que una máquina. Estas partes móviles son los alambres que forman los torones y el alma del cable propiamente dicha. Las partes móviles interactúan entre sí al deslizarse y ajustarse. Este deslizamiento y este ajuste compensan las **tensiones** en constante cambio que se ejercen sobre un cable de trabajo. Por ello, la capacidad nominal de un cable depende de que esté en buen estado. Esto quiere decir que debe poder moverse de la manera para la cual fue diseñado.

Los tres componentes básicos de un cable son los siguientes (*Figura 23*):

- un alma de soporte;
- alambres de acero de alta calidad;
- varios alambres centrales;

Hay tres tipos básicos de almas de soporte de los cables (*Figura 24*): almas de fibra, almas de alambre y almas de cable independiente. Las almas de fibra generalmente están hechas de fibras sintéticas, pero también pueden estar hechas de fibras vegetales naturales, como el sisal. Las almas de alambre se hacen utilizando un alambre del mismo tamaño y tipo que el resto de los alambres del cable. Las almas de cable independiente están hechas de un cable aparte con su propia alma y alambres. Los cables del alma son mucho más pequeños y delicados que los alambres del cable exterior.

Los diversos materiales que se utilizan para formar el alma de soporte de un cable tienen tanto características positivas como negativas, según cómo lo utilice. Los cables con alma de fibra, por ejemplo, pueden dañarse con el calor a temperaturas relativamente bajas [de 180 °F a 200 °F (de 82 °C a 93 °C)] así como por la exposición a productos químicos cáusticos.

La función del alma de un cable es soportar los torones para que estos mantengan su forma original. Cuando el alma soporta los torones, sus alambres de acero de alta calidad se pueden deslizar y ajustar entre sí. La capacidad de ajustarse hace que sea menos probable que el cable resulte dañado por la tensión cuando rodea **poleas** o cargas, o cuando lo coloca en ángulo durante el aparejamiento.

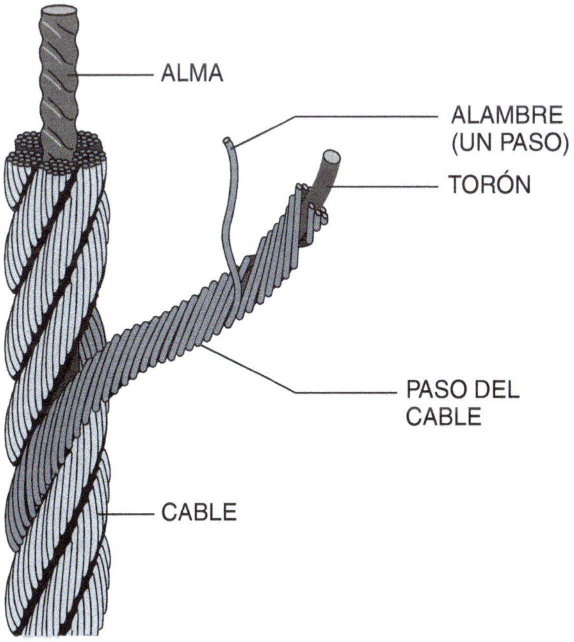

106F23.EPS

Figura 23 Componentes de un cable.

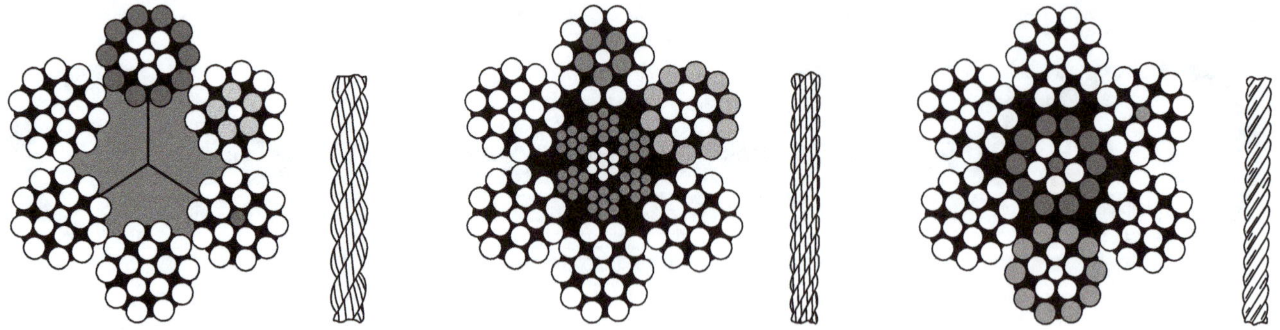

Figura 24 Almas de soporte de un cable.

2.4.2 Inspección de las eslingas de cable

Al igual que otras eslingas, las de cable deben ser inspeccionadas antes de cada uso. Si el cable está dañado, lo debe sacar de servicio. Siempre consulte a su instructor o a su supervisor inmediato si tiene alguna duda acerca de si una eslinga de cable puede ser utilizada.

2.4.3 Criterios de rechazo de las eslingas de cable

Después de una inspección, es posible que la eslinga de cable sea rechazada a causa de varios tipos frecuentes de daño (*Figura 25*), lo que incluye alambres rotos, deformaciones, jaulas, aplastamiento, corrosión y óxido y daño por calor. A esta altura de su entrenamiento, usted debe poder demostrar que comprende los criterios de rechazo de los cables. Solo una persona calificada puede efectivamente tomar la decisión de usar un cable en una operación de aparejamiento o de descartarlo si está dañado. Si cree que es posible que un cable esté dañado, comuníqueselo a su instructor o a su supervisor inmediato. A continuación, se brinda información adicional sobre posibles tipos de daños.

- *Alambres rotos*: la presencia de alambres rotos en los torones de un cable reducen la resistencia del material del cable e interfieren con la interacción entre las partes móviles del cable. Los alambres rotos externos generalmente indican fatiga normal, pero las roturas externas severas o internas deben investigarse con detenimiento. Las roturas severas o internas de un cable quieren decir que lo ha utilizado de manera incorrecta.

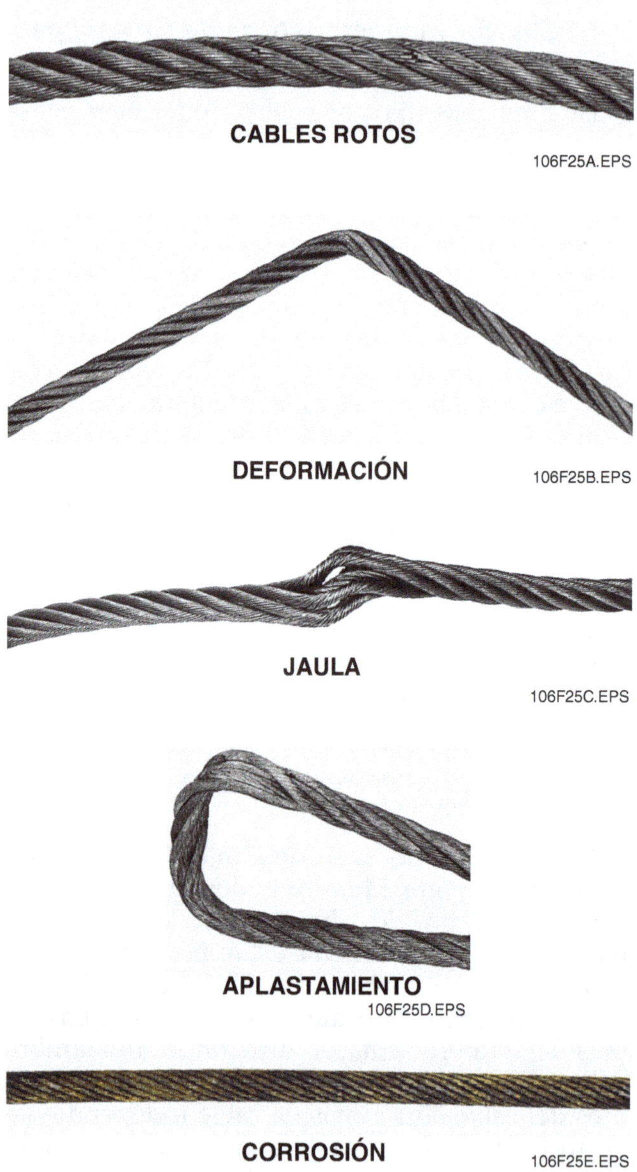

Figura 25 Tipos de daños comunes en cables.

Los criterios de rechazo de cables rotos tienen en cuenta cuántos alambres se rompieron en una longitud de paso del cable, o **paso de un cable**. Paso de un cable es un término que define la distancia en longitud que cubre un alambre al dar una vuelta completa alrededor del alma (*Figura 26*). Distintos tipos de cable tienen distintos pasos de un cable, por lo que es importante inspeccionar cada cable con detenimiento cuando se buscan alambres rotos.

- *Deformaciones*: la deformación, o distorsión de un cable, es un tipo de daño muy común. Las deformaciones pueden causar accidentes graves. Las deformaciones agudas pueden restringir o impedir el movimiento de los alambres de los torones en la zona afectada. Esto quiere decir que el cable está dañado y no debe ser utilizado. Los cables con deformaciones en forma de bucles grandes y graduales con una configuración en forma de tirabuzón deben sacarse de servicio.
- *Jaula*: este daño ocurre cuando la carga se libera demasiado rápido y los torones se jalan o rebotan en dirección opuesta al alma de soporte. Los alambres de los torones no pueden compensar el cambio en el nivel de tensión ajustándose dentro de los torones. La tensión acumulada entonces se libera por sí misma a través de los torones.

  Las jaulas suelen ocurrir en las zonas donde daños previos impiden que los alambres se muevan para compensar los cambios de tensión, posición y flexión del cable. Cualquier indicio de jaula es motivo para sacar el cable de servicio de inmediato.
- *Aplastamiento*: ocurre al asentar una carga sobre una eslinga o al desplomarse o dejar caer bruscamente la eslinga en el lugar. El aplastamiento de la eslinga impide que los alambres se ajusten a los cambios de tensión, cambios de posición y flexiones. Cuando la eslinga es aplastada, generalmente se aplastan o dañan los alambres del alma que se encuentran directamente debajo de los torones dañados. En caso de aplastamiento, la eslinga se debe sacar de servicio de inmediato.

106F26.EPS

Figura 26 Paso de un cable.

- *Corrosión y óxido*: la corrosión y el óxido en un cable son producto de una lubricación inadecuada o insuficiente. La corrosión y el óxido se consideran excesivos si una superficie presenta óxido o se descascara y ello no puede quitarse con un cepillo de alambre, o si ello ocurre en el interior del cable. Si la corrosión y el óxido son excesivos, el cable se debe quitar de servicio.
- *Daño por calor*: el daño por calor vuelve frágiles los alambres de los torones y el alma en la zona afectada directamente por el contacto con el calor, pero también a su alrededor a una distancia de hasta 120 pulgadas (305 cm) en cada dirección. El daño por calor se manifiesta como la decoloración y, a veces, el efectivo derretimiento del cable. Un cable que ha sufrido daño por calor debe sacarse de servicio.

3.0.0 Enganches

Como hemos visto, el enlace entre la carga y el dispositivo de elevación suele ser una eslinga hecha de material sintético, cadena de acero de aleación o cable. Se denomina enganche o configuración del aparejo a la manera en la que se ubica la eslinga para sostener la carga. Los enganches se pueden realizar utilizando solo la eslinga o también utilizando implementos de conexión. Hay tres tipos básicos de enganches:

- vertical;
- de estrangulación;
- canasta.

Una de las partes más importantes del trabajo del aparejador es asegurarse de que la carga esté sujetada de manera segura. El tipo de enganche que el aparejador utiliza depende del tipo de carga que se quiera elevar. Se utilizan enganches diferentes para asegurar, por ejemplo, una carga de tuberías, una carga de losas de concreto o una carga de maquinaria pesada.

Otra parte extremadamente importante del trabajo del aparejador es controlar el movimiento de la carga una vez que la elevación está en progreso. Por lo tanto, al momento de elegir un enganche, el aparejador debe considerar el movimiento pretendido de la carga. Por ejemplo, algunas cargas se elevan en línea recta y luego se bajan en línea recta. Otras cargas se elevan, se giran a 180 grados mientras están en el aire y luego se depositan en una ubicación totalmente diferente. En esta sección, aprenderá cómo cada uno de los tres tipos básicos de enganches (vertical, de estrangulación y canasta) se usan tanto para asegurar la carga como para controlar su movimiento.

¡ADVERTENCIA!

Todas las operaciones de aparejamiento son peligrosas, y se debe actuar con extrema precaución en todo momento. Una elevación vertical recta es tan peligrosa como una que implique la rotación de la carga en el aire y su traslado a otro lugar. Solo una persona calificada puede seleccionar el enganche que debe utilizarse en una operación de aparejamiento.

3.1.0 Enganche vertical

El enganche vertical simple se usa para elevar una carga en línea recta. Forma un ángulo de 90 grados entre el enganche y la carga. Con este enganche, se necesita algún tipo de implemento de sujeción para conectar la eslinga con la carga (*Figura 27*). El enganche vertical simple permite que la carga gire libremente. Si no se desea que la carga gire libremente, se debe utilizar algún método de **control de la carga**, como por ejemplo una **cuerda guía**.

Otra clasificación de enganche vertical es el enganche de brida (*Figura 28*). El enganche de brida consta de dos o más enganches verticales sujetos al mismo gancho, eslabón maestro o **anillo de conexión**. El enganche de brida permite que las eslingas se conecten a la misma carga sin utilizar dispositivos tales como una viga separadora, que es una barra rígida que se usa cuando se elevan objetos grandes con un gancho de grúa.

El enganche de brida de varios brazos (*Figura 29*) consta de tres o cuatro enganches sujetos al mismo gancho, eslabón maestro o anillo de conexión. Los enganches de brida de varios brazos aumentan la estabilidad de la carga que se está elevando. Siempre se considera que, en este tipo de enganche, solo dos de los brazos soportan la mayoría de la carga y el resto la equilibran.

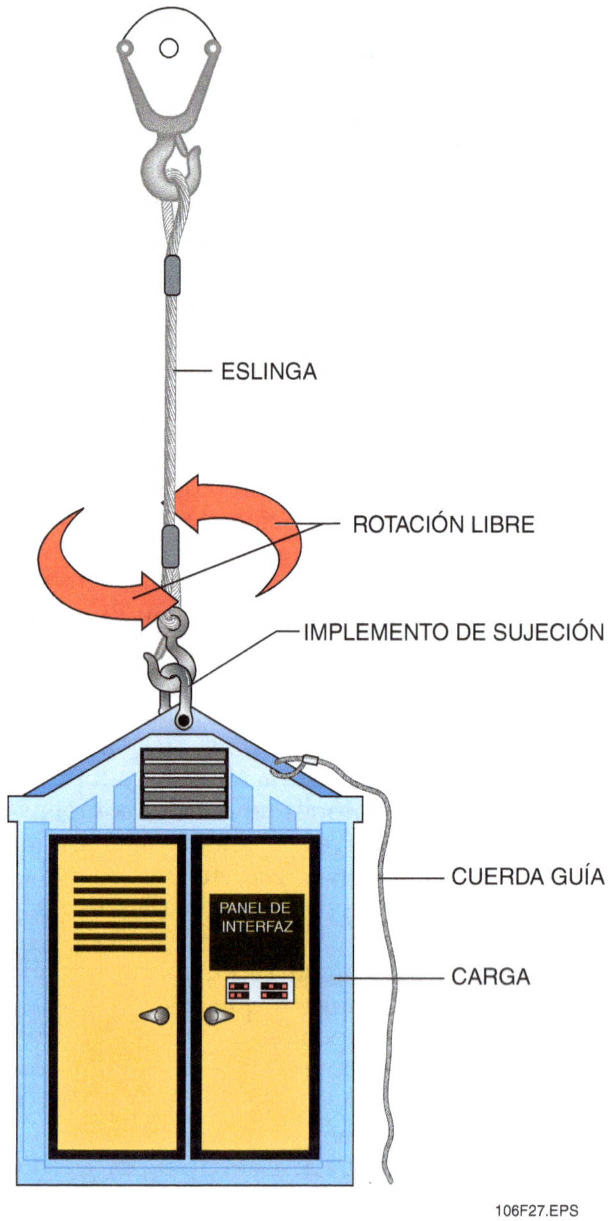

Figura 27 Enganche vertical simple.

3.2.0 Enganche de estrangulación

El enganche de estrangulación se usa cuando una carga no tiene puntos de sujeción o cuando estos no resultan prácticos para realizar la elevación (*Figura 30*). El enganche de obstrucción se forma envolviendo la eslinga alrededor de la carga y pasando el ojal de la eslinga a través de un **grillete** para formar un lazo constrictor alrededor de la carga. Es importante que el grillete utilizado en un enganche de estrangulación esté orientado correctamente, como se muestra en la *Figura 30*. El enganche de estrangulación afecta la capacidad de la eslinga, al reducirla al menos en un 25 %. Esta reducción debe tenerse en cuenta al momento de elegir la eslinga adecuada.

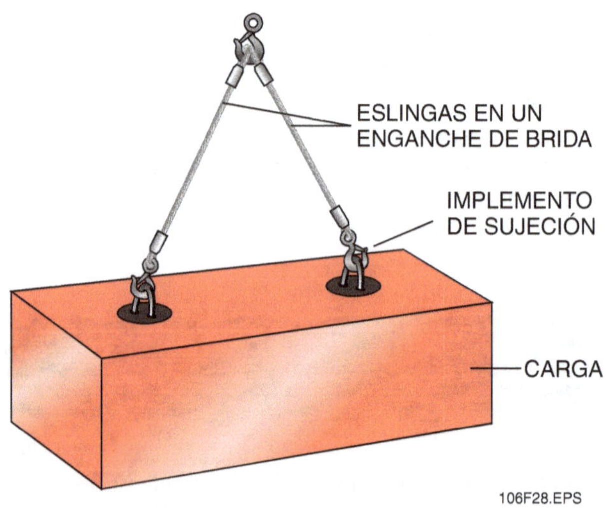

Figura 28 Enganche de brida.

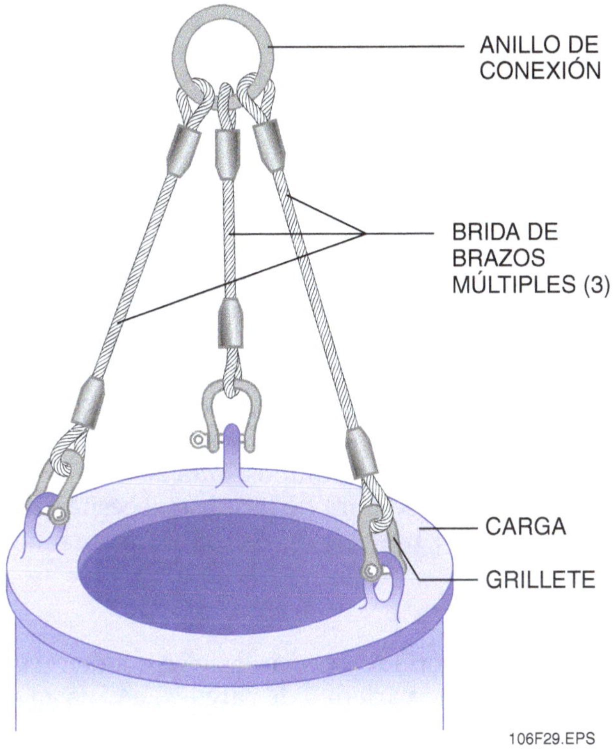

Figure 29 Enganche de brida de varios brazos.

El enganche de estrangulación no sujeta la carga de manera segura. No se recomienda para paquetes sueltos de materiales porque tiende a empujar los elementos sueltos hacia arriba y hacia afuera del enganche. Muchos aparejadores utilizan el enganche de estrangulación para paquetes,

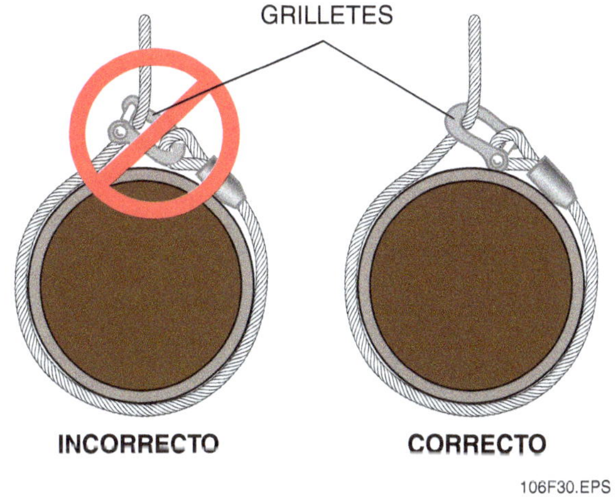

Figura 30 Enganche de estrangulación.

creyendo equivocadamente que al empujar el enganche hacia abajo la carga quedaría sujeta con firmeza. En realidad, sirve solo para aumentar enormemente la tensión sobre el brazo estrangulado (*Figura 31*).

Cuando se apareja un elemento de más de 12 pies (3,66 m) de largo, la regla general es usar dos enganches de estrangulación con espacio suficiente entre ellas para lograr la estabilidad necesaria para transportar la carga (*Figura 32*).

Para levantar un paquete de elementos sueltos o mantener la carga en una determinada posición durante el transporte, puede ser útil recurrir al enganche de estrangulación con doble vuelta (*Figura 33*). Este tipo de enganche se logra envol-

Figura 31 Constricción con enganche de estrangulación.

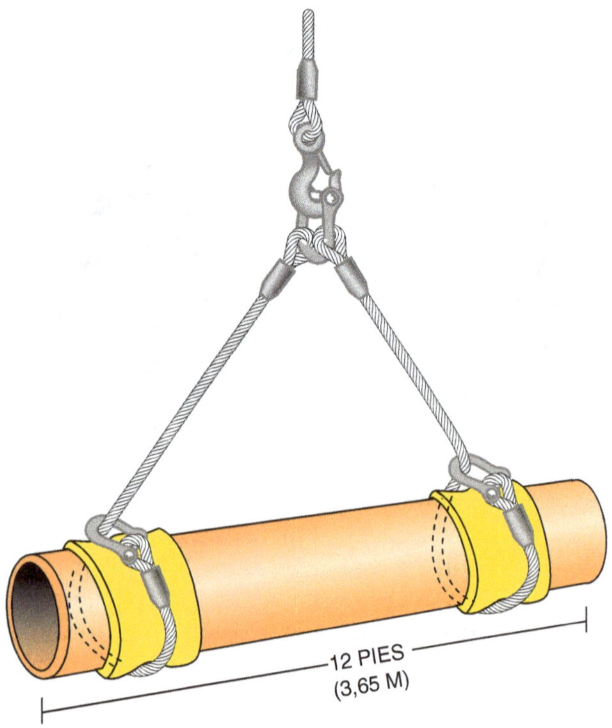

Figura 32 Enganche de estrangulación doble.

viendo la eslinga por completo alrededor de la carga y luego enrollando nuevamente el extremo de estrangulación, pasándolo por el ojal como si se tratara de un enganche de estrangulación convencional. Esto permite que el peso de la carga ejerza una acción de constricción que la fija al medio del enganche y la sostiene con firmeza en su lugar cuando la levantan.

Presionar el enganche hacia abajo aumentará enormemente la tensión ejercida sobre la eslinga en el punto de estrangulamiento. Para ganar poder de agarre, utilice un enganche de estrangulación con doble vuelta. Este tipo de enganche usa el peso de la carga para lograr fuerza de constricción, de modo que no hace falta presionar la eslinga hacia abajo para ajustarla más.

Es ideal para levantar paquetes con elementos, como tuberías y piezas de acero estructural. También mantiene la carga en una determinada posición, por lo cual es ideal para realizar elevaciones para la instalación de equipos. Para las cargas con más de 12 pies (3,66 m) de largo se necesitan dos de estos enganches.

3.3.0 Canasta

Las canastas son muy versátiles y se pueden usar para elevar una variedad de cargas. La canasta se forma pasando la eslinga alrededor de la carga y colocando ambos ojales en el gancho (*Figura 34*). Al colocar la eslinga en una canasta, se duplica efectivamente la capacidad de la eslinga. Esto se debe a que la canasta crea dos brazos de eslinga a partir de una sola eslinga.

La canasta con doble vuelta combina la potencia de constricción del enganche de estrangulación con doble vuelta y las ventajas de mayor

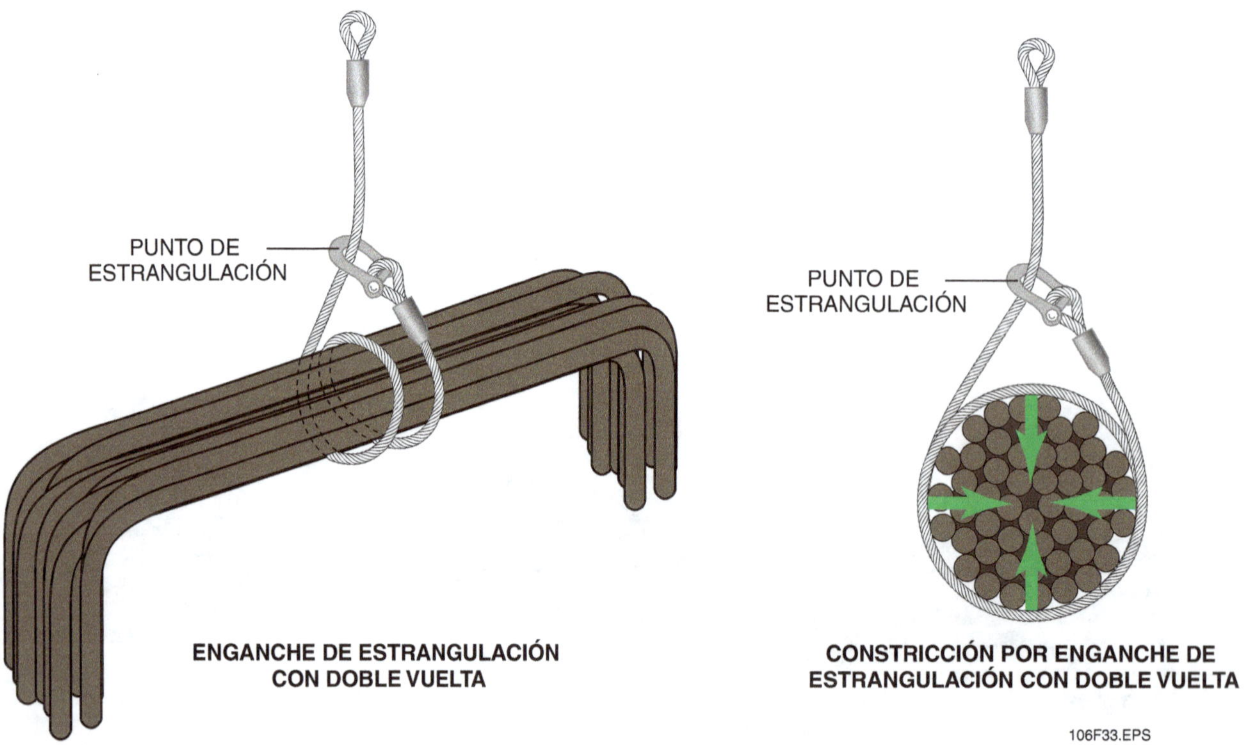

Figura 33 Enganche de estrangulación con doble vuelta y constricción por enganche de estrangulación con doble vuelta.

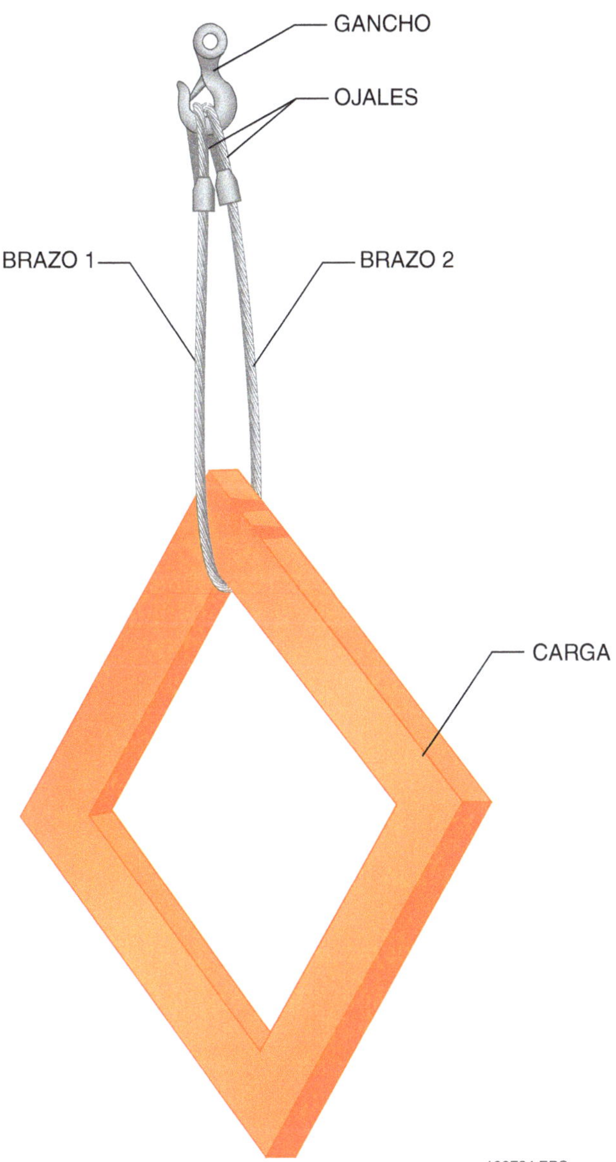

Figure 34 Canasta.

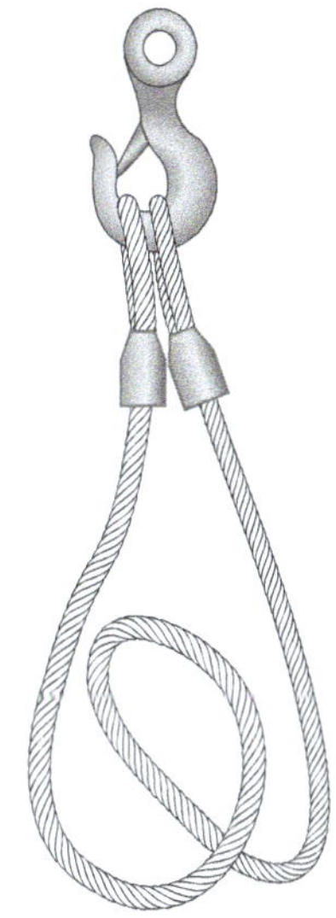

Figure 35 Canasta con doble vuelta.

capacidad que ofrece una canasta (*Figura 35*). Esto quiere decir que puede sostener una carga más grande con mayor firmeza.

La canasta con doble vuelta requiere una longitud de eslinga considerablemente mayor que un enganche de estrangulación con doble vuelta. Si es necesario unir dos o más eslingas, la carga debe estar en contacto con el cuerpo de la eslinga solamente, no con los implementos utilizados para unir las eslingas. La canasta con doble vuelta brinda apoyo alrededor de la carga. Al igual que el enganche de estrangulación con doble vuelta, el peso de la carga proporciona fuerza de constricción para el enganche.

CONCIENCIA ECOLÓGICA

Biodiésel

Si mira a su alrededor, probablemente verá en su lugar de trabajo vehículos tales como camiones y equipos de excavación, o máquinas tales como generadores o equipos de aparejamiento, que funcionan con combustible diésel. Estos vehículos y máquinas pueden volverse ecológicos al funcionar con biodiésel. El biodiésel es un combustible a base de aceite vegetal de soja, canola y otros aceites vegetales usados. Hasta se puede hacer biodiésel utilizando el aceite de freír reciclado de su restaurante local. El biodiésel se considera un combustible ecológico ya que se hace utilizando recursos renovables y productos de desecho. Lo puede combinar con el diésel común en cualquier proporción o lo puede usar completamente solo. Esto quiere decir que se puede usar cualquier combinación de biodiésel y gasoil común, o usar uno y otro según sea necesario.

¿Por qué el biodiésel?

- No daña el medioambiente. El biodiésel es sustentable y hace un uso mucho más eficiente de nuestros recursos que el diésel.
- No es tóxico. El biodiésel reduce los riesgos a la salud vinculados con el gasoil, como por ejemplo el asma y la contaminación del agua.
- Produce menos emisiones de gases de efecto invernadero. El biodiésel es casi carbono neutral, por lo que contribuye muy poco con el calentamiento global.
- Puede mejorar la vida de los motores. El biodiésel brinda una excelente lubricación y puede reducir significativamente el desgaste de su motor.

PRECAUCIÓN

Las canastas no deben utilizarse para elevar materiales sueltos. Las cargas que se colocan en una canasta deben estar equilibradas.

4.0.0 Implementos de aparejamiento

Los implementos de aparejamiento son tan importantes como la grúa, las eslingas o cualquier otra estructura o dispositivo de elevación especialmente diseñados. Si el implemento que conecta las eslingas a la carga o al eslabón maestro fallaran, la carga se podría caer tal como podría hacerlo si la grúa, el polipasto o las eslingas fallaran. La falla de implementos relativos a un acoplamiento, selección o inspección inadecuados contribuye a un gran número de muertes, lesiones graves y daños a la propiedad en accidentes de aparejamiento. La importancia de la selección, el mantenimiento, la inspección y el uso correcto de los implementos no puede destacarse lo suficiente. Las normas y los requisitos sobre los implementos de aparejamiento son tan rigurosos como los que rigen las grúas y eslingas.

4.1.0 Grilletes

Los grilletes forman parte de los implementos de aparejamiento y se utilizan para sujetar un elemento a una carga o para acoplar eslingas. Pueden usarse para acoplar el extremo de un cable a accesorios de ojal, ganchos u otras conexiones. Consiste de un cuerpo con forma en U y un pasador extraíble.

4.1.1 Diseño y características de los grilletes

Los grilletes que se usan para realizar elevaciones aéreas deben estar hechos de acero forjado, no de acero fundido. El acero enfriado y templado es el material preferido por su mayor tenacidad pero, como mínimo, los grilletes deben estar hechos de acero matrizado o forjado a martinete.

Todos los grilletes deben llevar un sello que se vea claramente y que muestre la marca del fabricante, el tamaño del grillete (determinado por el diámetro del cuerpo del grillete, no por el diámetro del pasador) y la capacidad nominal del grillete.

4.1.2 Tipos de grilletes

Existen dos clases básicas de grilletes, las cuales se identifican según su forma: grilletes de ancla y grilletes de cadena (*Figura 36*). Tanto los grilletes de ancla como los de cadena tienen pasadores de tres tipos básicos de diseño, cada uno con una función singular, como muestra la *Figura 36*: grillete de pasador roscado, grillete de pasador redondo o recto y grillete de seguridad. El diseño de grillete con pasador roscado se ha vuelto el más usado en la industria en general.

4.1.3 Grilletes especiales

Existen grilletes especiales para aplicaciones específicas en las cuales un grillete estándar no funcionaría bien. Por ejemplo, los grilletes de cuerpo ancho (*Figura 37*) se usan para elevar cargas pesadas.

En el lugar

Oscilación de la carga

Porque solo tres de cuatro pequeños puntos (los puntos donde los enganches se conectan a la carga) transfieren todo el peso de la carga, ésta oscilará (se balanceará de un lado a otro como un péndulo) al moverla. Debido a esta oscilación de la carga, no es posible determinar qué eslingas están soportando el peso y cuáles están dando estabilidad en un determinado momento.

Para entender la oscilación de la carga, piense en el siguiente ejemplo. Se coloca en una mesa un vaso de agua lleno hasta el borde. Cuatro personas colocan un dedo cada una debajo de cada una de las esquinas de la mesa. Intentan levantar la mesa y caminar por la sala sin derramar nada de agua. La mesa que sostiene el vaso oscila mientras las personas la mueven, y probablemente se derrame una gran cantidad de agua mientras atraviesan la sala. Esto se debe a que solo una pequeña superficie de sus dedos está en contacto con la mesa, lo que hace que el peso de la mesa cambie de un lado a otro, u oscile.

Ahora imagine que se permite a cada una de las personas utilizar ambas manos sobre una de las esquinas de la mesa, distribuyendo así la tensión por contacto en una superficie más grande. Ahora probablemente podrían atravesar toda la sala sin derramar mucha o nada de agua.

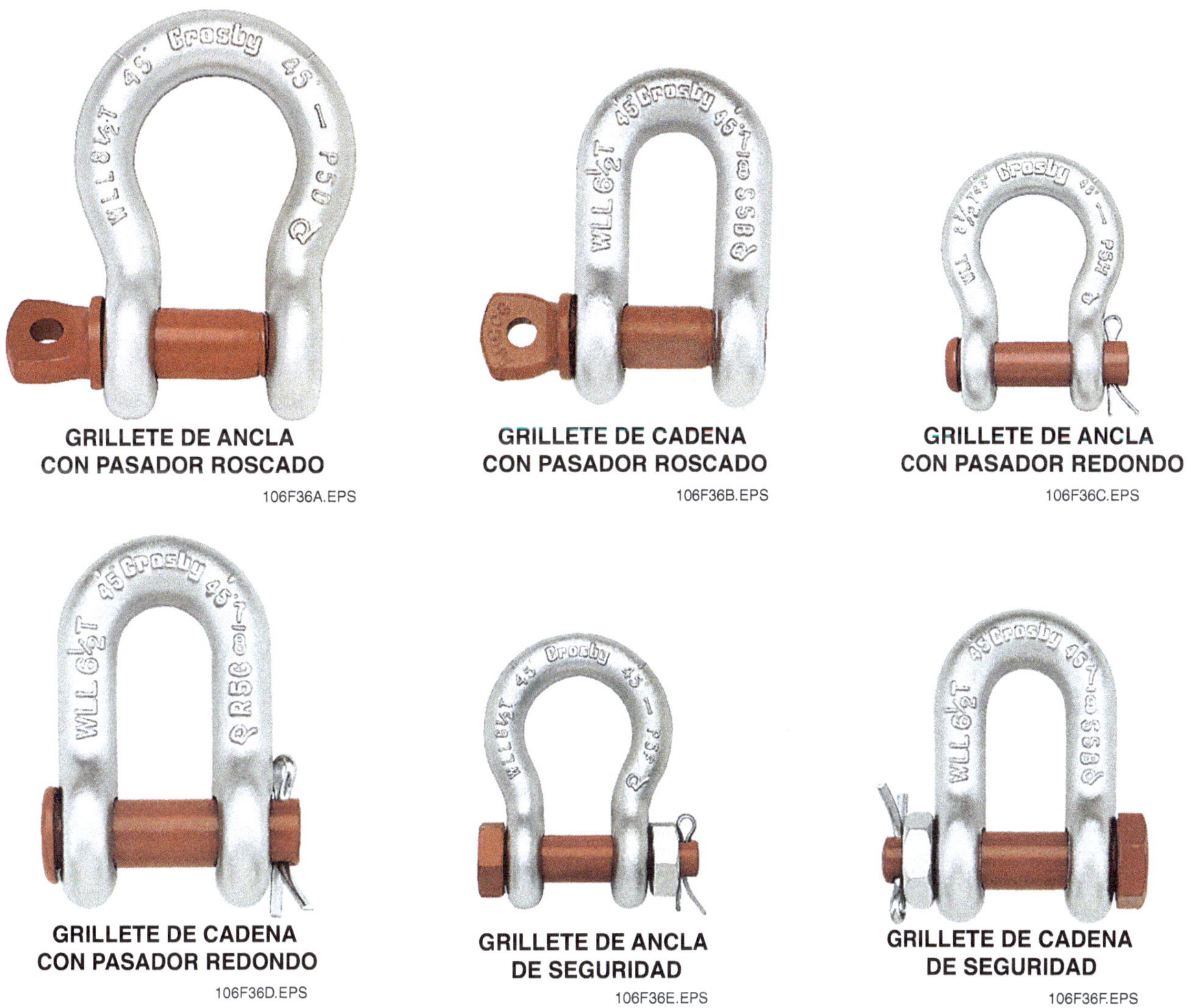

Figura 36 Grilletes.

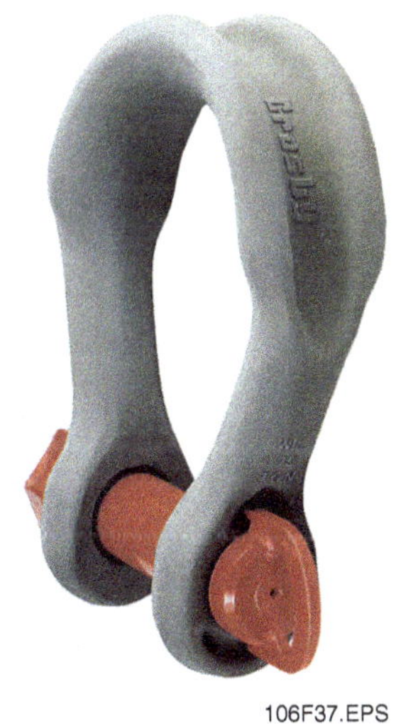

Figura 37 Grillete de cuerpo ancho.

Los grilletes para eslingas de red sintética (*Figura 38*) están diseñados con una garganta ancha y un arco ancho con un reborde para proporcionar una superficie más amplia y más firme que se adapta al cuerpo más ancho de las eslingas de red sintética.

Figure 38 Grillete de eslinga de red sintética.

En el lugar

Uso de grilletes con pasador roscado

Uno de los principales fabricantes de implementos de aparejamiento consideró poco segura la antigua práctica de retirar el pasador al realizar un cuarto de giro, ya que ello permite que el grillete se tensione con la carga. La nueva práctica consiste en enganchar el pasador pero sin ajustarlo del todo. Si el pasador se ajusta o gira complemente, la tensión de carga de la eslinga puede girarla todavía más. Esto estirará y atascará la rosca del pasador.

Los pasadores no deben intercambiarse nunca entre grilletes. Las roscas de las distintas marcas de grilletes y de las distintas marcas de pasadores pueden no encajar correctamente entre sí. Además, no es fácil decir cuánta resistencia de reserva le queda a un pasador o un grillete. También es posible que las capacidades nominales de los distintos grilletes y pasadores no sean compatibles. El pasador del grillete debe colocarse en el grillete y asegurarse entre cada uso.

4.1.4 Inspección y criterios de rechazo de los grilletes

Los grilletes, como cualquier otro implemento, deben ser inspeccionados por el aparejador antes de cada uso para asegurarse de que no hayan defectos que puedan hacer que el grillete se vuelva poco seguro. En cada elevación puede producirse cierto nivel de daño o se pueden detectar daños previos.

Si existe alguna de las siguientes condiciones, el grillete se debe dejar de utilizar:

- deformaciones, grietas u otros daños en el cuerpo del grillete;
- pasador del grillete incorrecto o mal sustituido;
- pasador del grillete deformado, roto o suelto;
- rosca dañada en el pasador de grillete roscado;
- marcas de capacidad y tamaño faltantes o ilegibles;

4.2.0 Cáncamos

Un **cáncamo** es un implemento de aparejamiento con un **fuste roscado**. El extremo del fuste del cáncamo se sujeta directamente a la carga, y el extremo del ojal del cáncamo se usa para sujetar la eslinga a la carga.

4.2.1 Diseño y características de los cáncamos

Los cáncamos para elevaciones aéreas deben estar hechos de acero matrizado o forjado a martinete. Existen tres diseños básicos de cáncamos con diversas variaciones (*Figura 39*):

- cáncamos sin tope, diseñados para elevaciones verticales en línea recta solamente;
- cáncamos con tope, el cual sirve para ayudar a soportar el cáncamo en elevaciones levemente angulares;
- cáncamos giratorios, también denominados anillos de elevación, diseñados para elevaciones angulares de 0 a 90 grados desde el plano horizontal de la carga;

4.2.2 Cáncamos sin tope

Los cáncamos sin tope están diseñados para elevaciones verticales solamente, no para elevaciones angulares. Al colocar un cáncamo sin tope, la eslinga no se debe jalar de manera perpendicular al cáncamo (*Figura 40*). Ello hará que el cáncamo se doble y, probablemente, se quiebre.

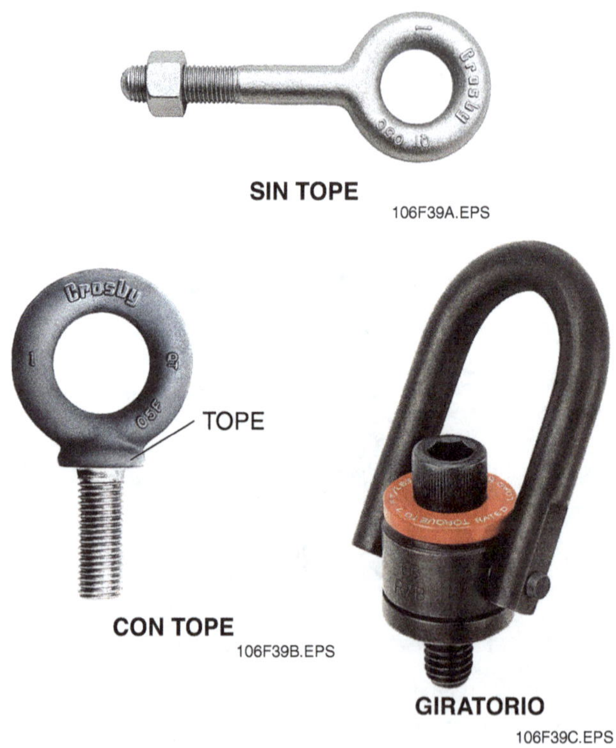

Figura 39 Variaciones de cáncamos.

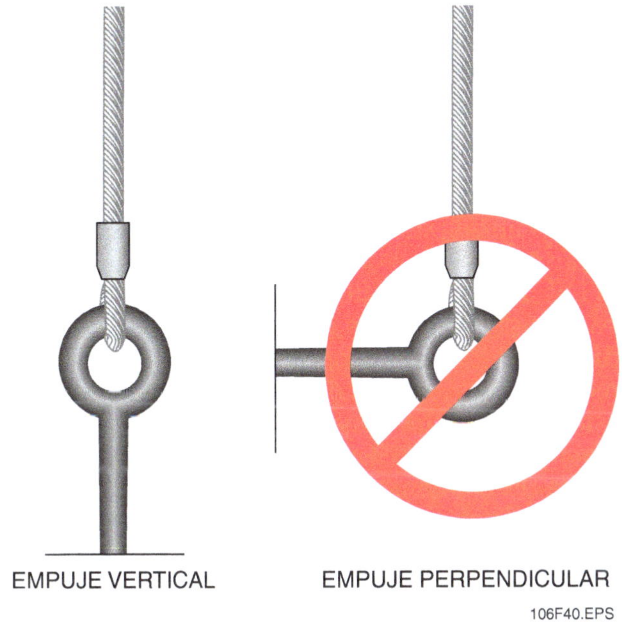

Figura 40 Colocación de un cáncamo sin tope.

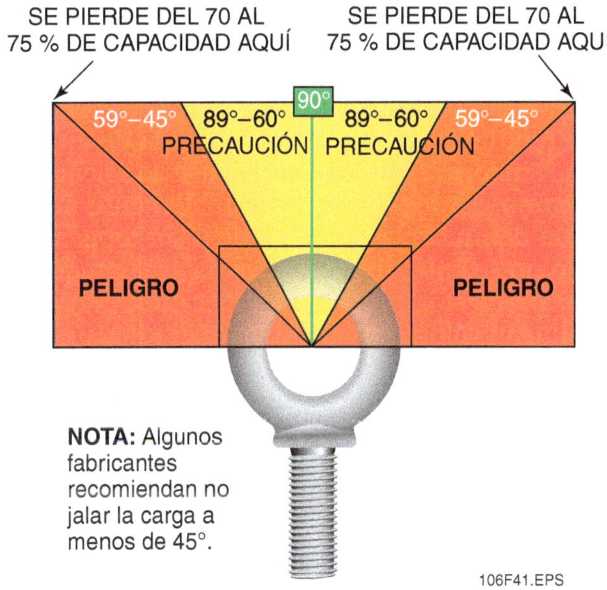

Figura 41 Efectos del empuje en ángulo sobre los cáncamos con tope.

4.2.3 Cáncamos con tope

Los cáncamos con tope se pueden usar para ciertas elevaciones angulares. Algunos fabricantes fijan el límite para elevaciones angulares en 45 grados desde el plano horizontal de la carga. Los cáncamos con tope pierden capacidad a medida que el ángulo de la elevación se desvía de la verticalidad (*Figura 41*). Verifique siempre la calificación del fabricante para conocer la capacidad de carga con los distintos ángulos y tamaños de cáncamos.

La mayoría de los requisitos de instalación para cáncamos con tope son similares a los de cáncamos sin tope. Sin embargo, el límite para elevaciones angulares depende de su instalación correcta. Por ejemplo, para que un cáncamo con tope pueda soportar el peso de la carga, lo debe instalar de modo que el tope del cáncamo esté nivelado con la superficie de la carga (*Figura 42*). Si el tope no está nivelado con la superficie de la carga, actúa como si fuera un cáncamo sin tope. Los cáncamos con tope deben posicionarse de tal manera que la eslinga esté en el mismo plano que el cáncamo.

4.2.4 Cáncamos giratorios

Los cáncamos giratorios están diseñados especialmente para realizar elevaciones angulares. Están disponibles en dos estilos: con perno pasante o con perno común. Los cáncamos giratorios con perno pasante están diseñados para que el fuste pase completamente a través de los miembros que conectan. Los cáncamos giratorios con perno co-

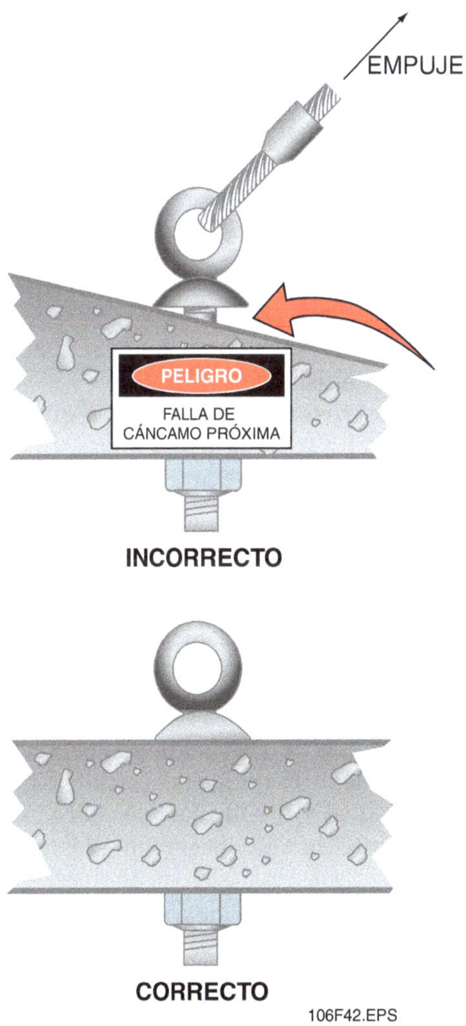

Figura 42 Correcta colocación de cáncamos con tope.

mún tienen un fuste recto con una cabeza convencional, por ejemplo cuadrada o hexagonal.

La superficie de asiento del cáncamo giratorio debe estar nivelada con la superficie de la carga o su rendimiento no será superior a la de un cáncamo sin tope. Debido a que la base de asiento del cáncamo giratorio es considerablemente mayor que la de un cáncamo con tope o sin tope, a menudo no se colocará en la misma área en que se colocarían estos últimos. Los cáncamos giratorios se alinean solos; su base rota 360 grados, y el travesaño gira 180 grados. La capacidad nominal de un cáncamo giratorio se basa en su elevación de 0 a 90 grados en cualquier dirección. No hay factores de reducción con las elevaciones angulares (*Figura 43*).

4.2.5 Inspección y criterios de rechazo de los cáncamos

Se debe realizar una inspección visual de los cáncamos antes de cada uso, y una persona calificada debe inspeccionarlos una vez al año. Deben estar como nuevos, aunque se admiten oxidación menor de la superficie, descascaramiento superficial o grietas menores. Cualquier defecto mayor a estos puede ser motivo para sacar los cáncamos de servicio, incluso aunque el defecto no esté incluido entre los criterios de rechazo que se describen a continuación. Los criterios de rechazo de los cáncamos incluyen los siguientes (*Figura 44*):

- raspaduras o abrasión que causan una pérdida notoria de material;
- fuste doblado o roscas distorsionadas;
- grietas por tensión;
- óxido o corrosión que no pueden quitarse fácilmente con un cepillo de alambre;
- elongación por sobrecarga del ojal o angostamiento del fuste;
- roscas dañadas o desgastadas;
- deformación o rotación por carga lateral;
- desgaste.

4.3.0 Abrazaderas de elevación

Las abrazaderas de elevación se usan para trasladar cargas tales como placas de acero o paneles de concreto sin utilizar eslingas. Las cargas se trasladan solamente de a un elemento a la vez.

4.3.1 Diseño y características de las abrazaderas de elevación

Las abrazaderas de elevación están diseñadas para trabar una carga y utilizar la tensión de su mordaza para asegurar la carga durante el transporte (*Figura 45*). Están disponibles en una gran variedad de diseños. Las abrazaderas de elevación pueden estar hechas de acero forjado, y deben llevar un sello que indique su capacidad nominal.

Algunas abrazaderas usan el peso de la carga para producir y mantener la presión de la abrazadera. Otras usan una leva ajustable que se configura y ajusta para mantener un agarre seguro de la carga.

Las abrazaderas de elevación están diseñadas para trasladar de a un elemento a la vez, independientemente de la capacidad o del tamaño de la mordaza o el grosor o el peso del objeto que se está elevando. La mayoría de las abrazaderas tienen una leva, que es ajustable, y una mordaza, que es fija. El elemento a elevar se coloca en la mordaza de la abrazadera, la cual traba el elemento a medida que se aplica tensión a la carga o a medida que se aprieta la leva ajustable.

Para que la abrazadera sostenga un elemento de manera segura, la leva y la mordaza deben trabar o sujetar ambos lados de un mismo elemento. Si

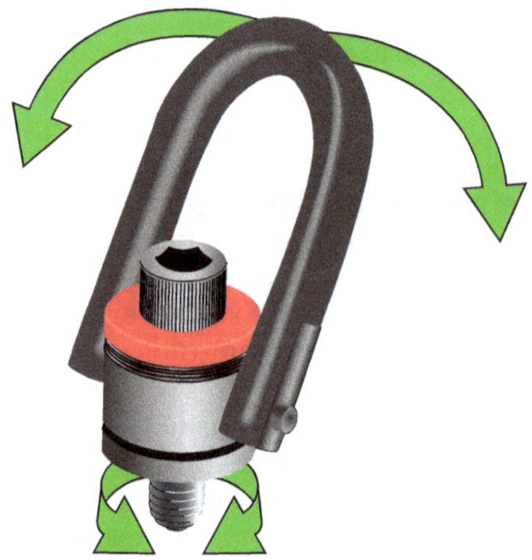

TAMAÑO DE ROSCA (pulgadas/cm)	EJEMPLO DE CAPACIDAD NOMINAL DE 0° A 180° (libras/kg)
½" / 1,27 cm	2.500 / 1.133,98
⅝" / 1,59 cm	4.000 / 1.814,36
¾" / 1,90 cm	5.000 / 2.267,96
⅞" / 2,22 cm	8.000 / 3.628,73
1" / 2,54 cm	10.000 / 4.535,92
1½" / 3,81 cm	24.000 / 10.886,21
2" / 5,08 cm	30.000 / 13.607,77

LA ESPECIFICACIÓN DEL PERNO ES TORNILLO CON CABEZA HUECA DE ALEACIÓN CLASIFICACIÓN 8 SEGÚN ASTM A 574.

106F43.EPS

Figura 43 Efectos del empuje angular sobre los cáncamos giratorios.

se coloca más de una placa o plancha en la abrazadera, ni la leva ni la mordaza pueden asegurar ambos lados de la placa o plancha. Los diseños de abrazaderas varían según la aplicación, por lo que es importante que el diseño coincida con la aplicación deseada. Las abrazaderas de elevación deben funcionar de manera fluida y sin inconvenientes mecánicos. Al elevar un elemento, siempre deben utilizarse al menos dos abrazaderas de elevación. Deben colocarse abrazaderas de elevación para asegurarse de que la carga se mantenga equilibrada. Las cargas que se elevan tanto con abrazaderas protectoras como con abrazaderas para planchuelas deben elevarse de manera lenta y suave. Estas abrazaderas están diseñadas para tomar la carga de manera suave y a su vez firme. Sus levas y mordazas no presionan la carga con demasiada fuerza, lo cual podría dañarla. Por lo tanto, se debe tener mucho cuidado de evitar movimientos repentinos que puedan quitar la carga de este tipo de abrazaderas.

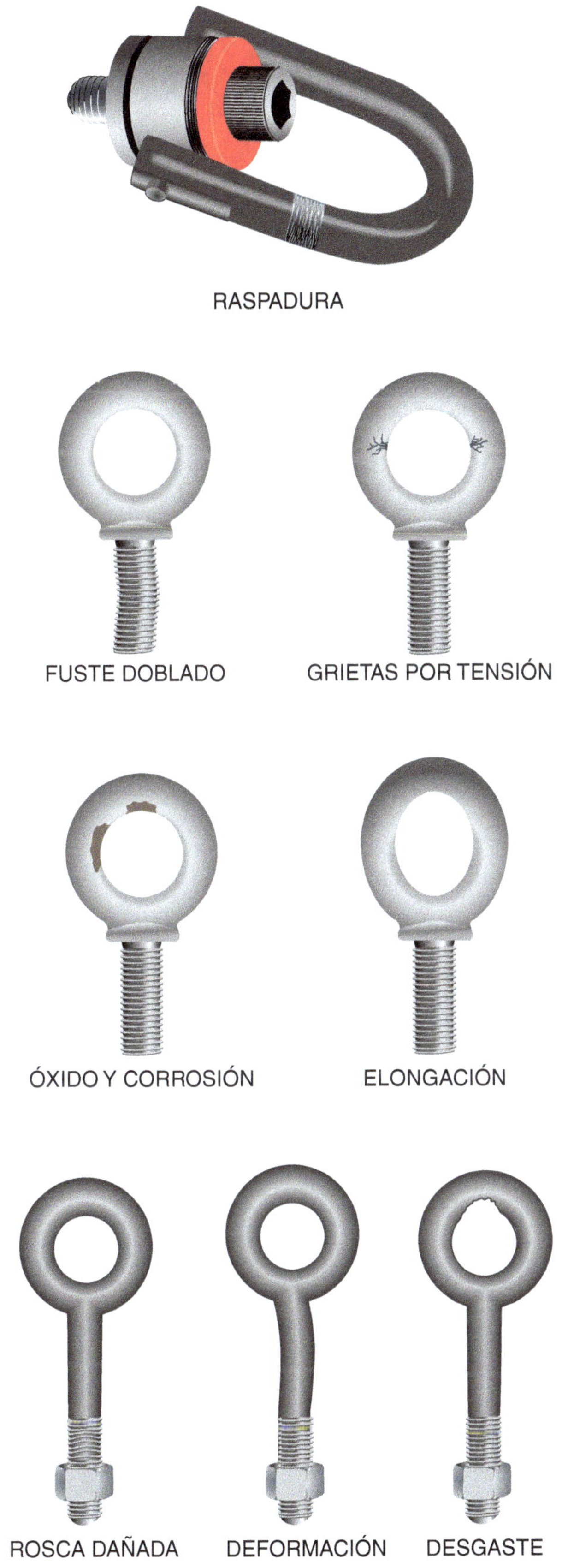

Figura 44 Criterios de rechazo de los cáncamos.

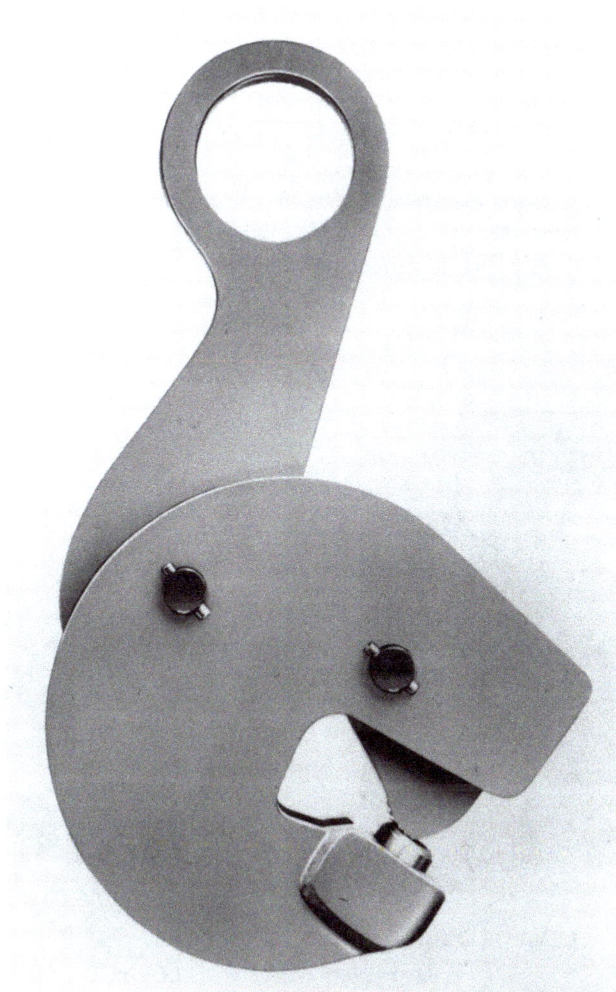

Figura 45 Abrazadera básica sin cierre.

4.3.2 Tipos de abrazaderas de elevación

Las abrazaderas de elevación se deben seleccionar cuidadosamente para la aplicación de elevación específica, en función de su diseño. Existen cuatro tipos de abrazaderas de elevación especializadas y diversas variaciones dentro de cada tipo (*Figura 46*): abrazadera de levas de unión, abrazaderas de levas de cierre, abrazaderas de levas con rosca de ajuste y abrazaderas protectoras.

4.3.3 Inspección y criterios de rechazo de las abrazaderas de elevación

Las abrazaderas de elevación, como cualquier otro implemento de aparejamiento, deben ser inspeccionadas por el aparejador antes de cada uso para asegurarse de que no hayan defectos que puedan hacer que la abrazadera se vuelva poco segura. En cada elevación puede producirse cierto nivel de daño o se pueden detectar daños previos.

Si existe alguna de las siguientes condiciones, la abrazadera se debe dejar de utilizar (*Figura 47*):

- grietas;
- abrasión, desgaste o raspaduras;
- cualquier deformación u otro daño por impacto en la forma que pueda detectarse durante una inspección visual;
- óxido o corrosión excesivos, es decir, óxido o corrosión que no puede quitarse fácilmente con un cepillo de alambre;

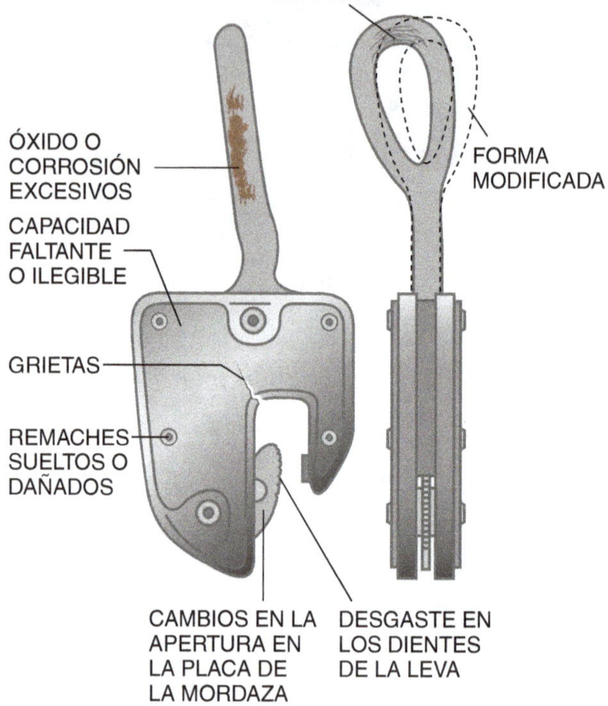

Figura 47 Criterios de rechazo de las abrazaderas de elevación.

- desgaste excesivo de los dientes;
- daño por calor;
- tornillos o remaches sueltos o dañados;
- resortes desgastados.

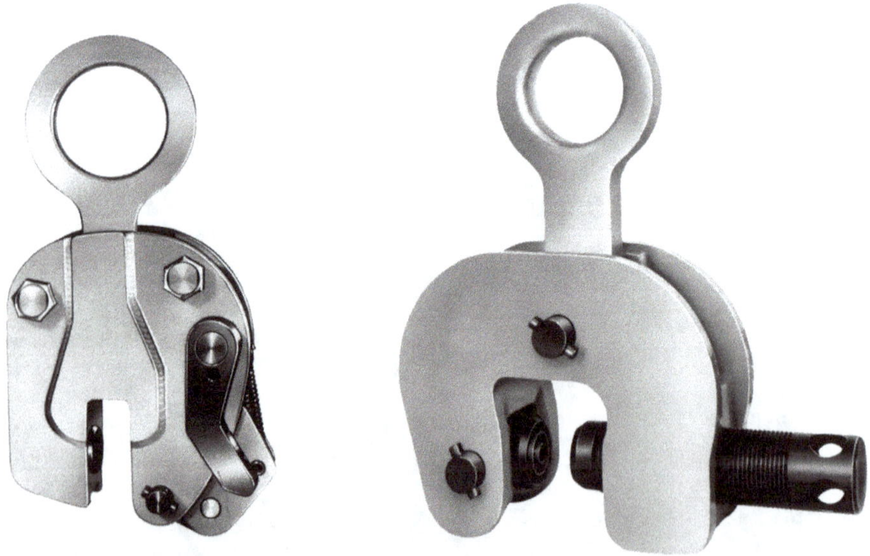

LEVA DE CIERRE

106F46A.EPS

LEVA CON TORNILLO DE AJUSTE

106F46B.EPS

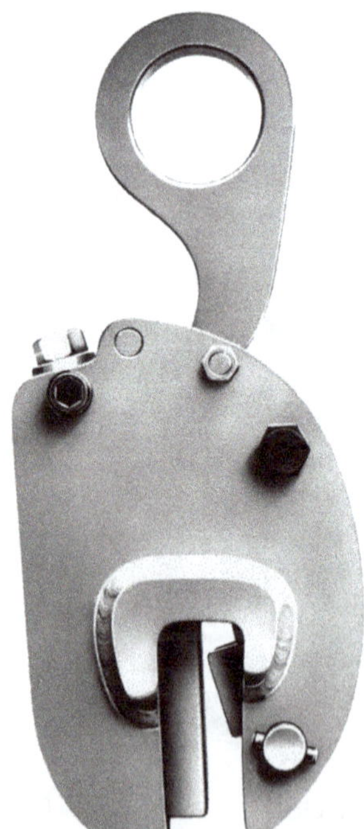

PROTECTORA

106F46C.EPS

Figura 46 Tipos de abrazaderas de elevación no estándares.

4.4.0 Ganchos de aparejamiento

Un **gancho de aparejamiento** es un implemento de aparejamiento que se usa para sujetar una eslinga a una carga. Si bien existen muchas clases de ganchos de aparejamiento que se usan para ganchos de elevación y aparejamientos, hay solo seis tipos básicos (*Figura 48*):

- Los ganchos de ojal son el tipo más común de gancho accesorio de extremidad. Estos ganchos pueden o no tener pestillos o trabas de seguridad.
- Los ganchos de aguja, también llamados ganchos para tuberías, se usan para elevar contenedores o tramos de tuberías insertando el gancho en la carga, evitando de esta manera usar grilletes o implementos adicionales.
- Los ganchos de ojal inversos posicionan la punta del gancho de manera perpendicular al ojal.
- Los ganchos de estrangulación deslizantes se colocan en la eslinga al momento de su fabricación. Los ganchos, los cuales pueden posicionarse en cualquier parte del cuerpo de la eslinga, se usan para asegurar el ojal de la eslinga en un enganche de estrangulación. Estos ganchos están disponibles para eslingas de cadena de acero.
- Los ganchos agarradores se usan en eslingas de cadena de acero. Estos ganchos encajan de manera segura en el eslabón de la cadena, de modo que pueden hacerse enganches de estrangulación y pueden acortarse cadenas.
- Los ganchos de acortamiento, una versión más eficiente de los ganchos agarradores, permiten sujetar con firmeza el brazo de la eslinga acortada sin reducir la capacidad de la cadena porque el gancho soporta íntegramente los eslabones.

4.4.1 Diseño y características de los ganchos de aparejamiento

Los ganchos que se usan para aparejamientos deben estar hechos de acero matrizado o forjado a martinete. Todos los ganchos utilizados en operaciones de aparejamiento deben cumplir con las características y los criterios de desempeño que se describen en este módulo.

En los ganchos de aparejamiento se colocan pestillos o trabas de seguridad para impedir que la eslinga se salga del gancho o la carga cuando la eslinga se afloja. Si se coloca un pestillo de seguridad en un gancho de aparejamiento, éste debe estar en buen estado de funcionamiento. Los pestillos de seguridad dañados pueden reemplazarse

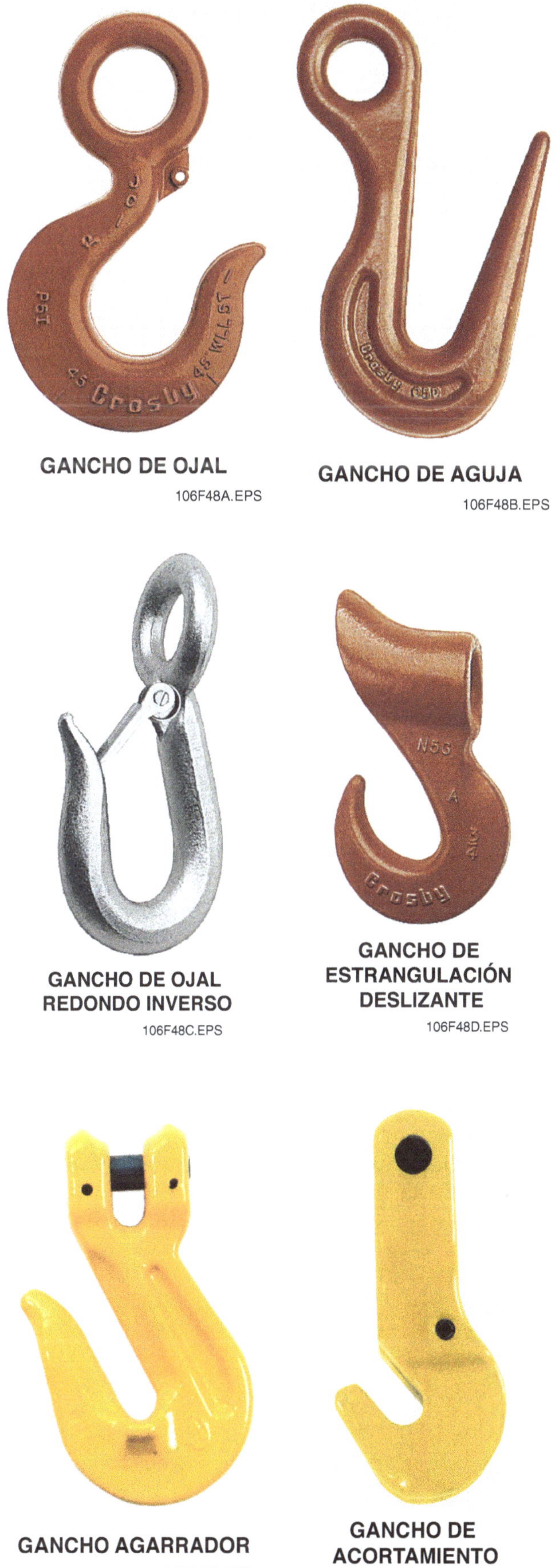

Figura 48 Enganches de aparejamiento.

fácilmente. Si detecta algún daño en un gancho de seguridad, infórmelo a su instructor o a su supervisor inmediato.

4.4.2 Inspección y criterios de rechazo de los ganchos de aparejamiento

Cuando se colocan ganchos como accesorios de extremidad, los debe inspeccionar junto con el resto de la eslinga antes de cada uso. Las eslingas con accesorios de extremidad tipo gancho se deben sacar de servicio por cualquiera de los siguientes defectos (*Figura 49*):

- desgaste, raspaduras o abrasión;
- pestillo de seguridad roto o faltante;
- grietas;
- cortes, muescas, grietas o astillas;
- óxido o corrosión excesivos, es decir, óxido o corrosión que no puede quitarse fácilmente con un cepillo de alambre;
- un giro de 10 grados o más desde el plano recto del gancho;
- aumento de la abertura de garganta del gancho del 15 % o más (esto es fácil de detectar si el gancho está equipado con un pestillo de seguridad, ya que el pestillo ya no cubrirá íntegramente la abertura de la garganta);
- aumento del 5 % o más en el fuste o elongación general del gancho;

5.0.0 Tensión de la eslinga

Cuando el **ángulo de la eslinga** disminuye, la **tensión de la eslinga** aumenta. Éste es uno de los hechos más importantes que debe conocer para realizar aparejamientos de manera segura. Es fundamental que comprenda este concepto, porque si no lo entiende (o lo malinterpreta) usted u otra persona podrían morir.

Aquí tiene una buena manera de entender la tensión de la eslinga. Suponga que hay cuatro cargas, cada una de las cuales pesa 2.000 libras (907,18 kg). Si la primera carga (*Figura 50*) tiene dos eslingas en línea recta hacia arriba y hacia abajo (a 90 grados), entonces cada eslinga sostiene por sí misma un peso de 1.000 libras (453,59 kg).

La segunda carga tiene eslingas a 60 grados (*Figura 51*). El peso original de 1.000 libras (453,59 kg) sigue empujando hacia abajo cada una de las eslingas. Sin embargo, debido a que las eslingas están a ángulos de 60 grados, el **empuje lateral** ahora agrega más tensión a la eslinga. Empuje lateral significa que el peso de la carga está empujando las eslingas lateralmente, o de costado, además de hacia abajo.

La tercera carga (*Figura 52*) también pesa 2.000 libras (907,18 kg). El mismo peso de 1.000 libras (453,59 kg) sigue empujando hacia abajo cada una de las eslingas. Pero debido a que el ángulo de la eslinga se redujo a 45 grados, el empuje lateral aumentó. Esta disminución del ángulo de la eslinga agrega 414 libras (187,78 kg) más de empuje lateral, lo que aumenta el peso total que las eslingas deben sostener.

La cuarta carga (*Figura 53*) también pesa 2.000 libras (907,18 kg). El mismo peso de 1.000 libras (453,59 kg) sigue empujando hacia abajo cada una de las eslingas. Pero en este caso, el ángulo de la eslinga disminuyó a 30 grados, lo que hace que el empuje lateral aumente la tensión de la eslinga en 1.000 libras (453,59 kg) más. Esta disminución del ángulo de la eslinga significa que cada eslinga ahora debe sostener un total de 2.000 libras (907,18 kg).

Como puede verse a partir de los ejemplos 1 a 4, a medida que el ángulo de la eslinga disminuye, la tensión de la eslinga aumenta. Para cuando el ángulo de la eslinga alcanza los 30 grados, la tensión de la eslinga se ha duplicado. Aunque el peso total de la carga permaneció igual en cada uno de los ejemplos, la tensión de cada eslinga aumentó con cada disminución del ángulo de la eslinga. Por debajo de los 45 grados, la tensión de la es-

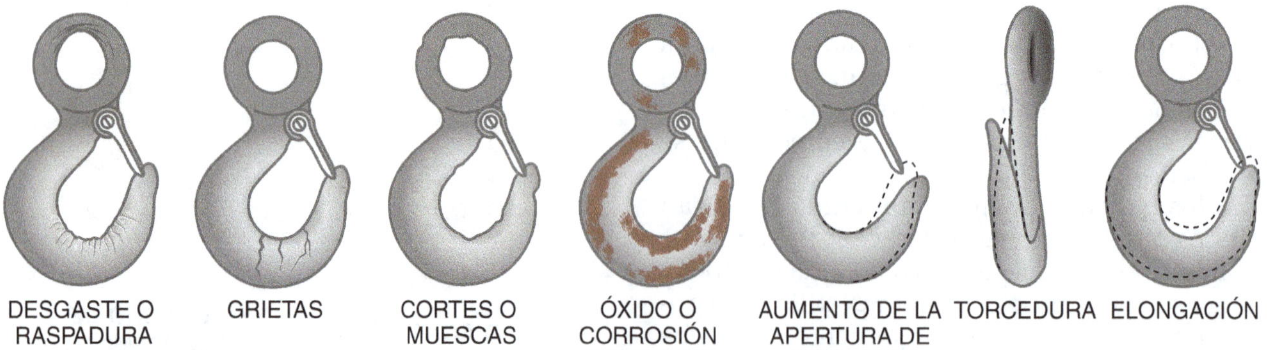

Figura 49 Criterios de rechazo de los ganchos de aparejamiento.

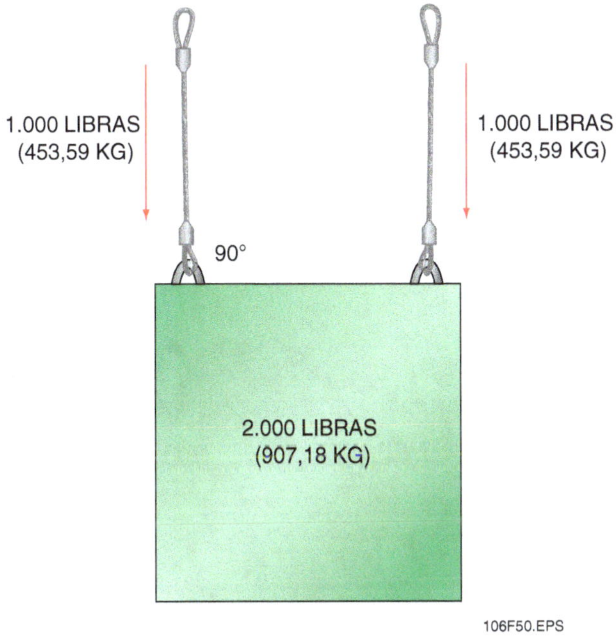

Figura 50 Primer ejemplo de tensión de la eslinga.

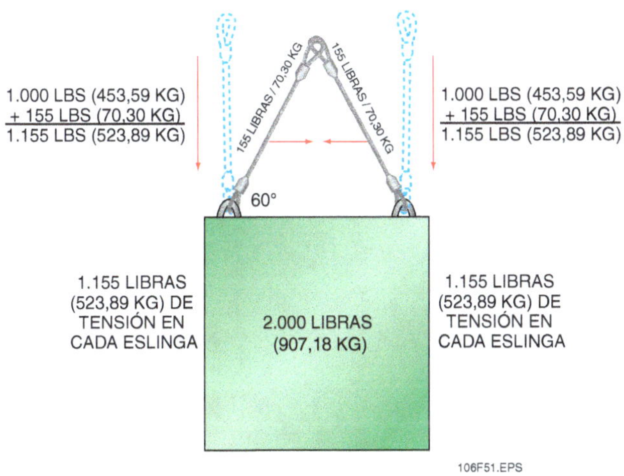

Figura 51 Segundo ejemplo de tensión de la eslinga.

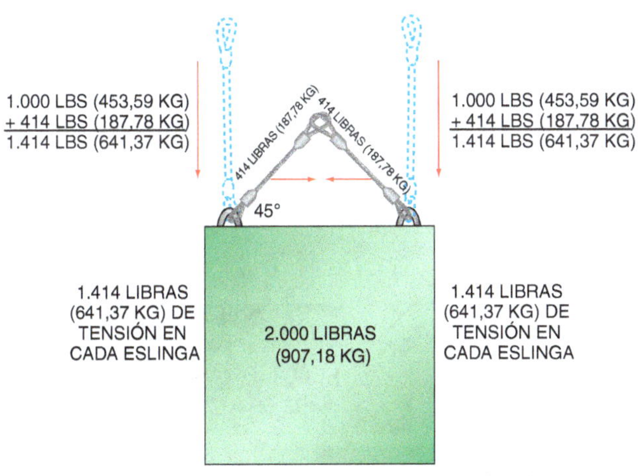

Figura 52 Tercer ejemplo de tensión de la eslinga.

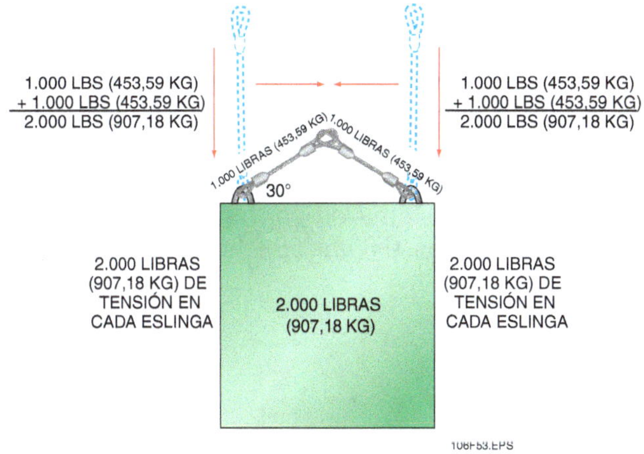

Figura 53 Cuarto ejemplo de tensión de la eslinga.

linga aumenta enormemente. Cuanto mayor es la tensión de la eslinga, mayor es el efecto sobre la seguridad de la elevación.

Consulte el Apéndice en la parte posterior de este módulo para obtener más información sobre cómo calcular la tensión de la eslinga.

> **¡ADVERTENCIA!**
>
> Para mover una carga en un aparejo de manera segura, el aparejador debe entender el tipo específico y la cantidad de tensión que se aplica sobre los componentes de aparejamiento, por ejemplo las eslingas, los ganchos y las cargas. Si los cálculos no se hacen de manera precisa, el procedimiento de aparejamiento podría fallar y dañar la carga o producir lesiones o la muerte a los trabajadores.

6.0.0 Polipastos

Un polipasto brinda una ventaja mecánica para la elevación de una carga, lo que permite mover objetos que no se pueden levantar manualmente. Todos los polipastos utilizan un sistema de poleas para trasmitir potencia y levantar la carga. Algunos se montan en carros y utilizan electricidad o aire comprimido para generar potencia. En esta sección, aprenderá acerca de un mecanismo de polipastos simple denominado **aparejo de poleas**, y un mecanismo de polipastos complejo denominado polipasto de cadena.

- *Aparejo de poleas*: un aparejo de poleas es un sistema simple de cuerda y polea que se utiliza para elevar cargas (*Figura 54*). Al utilizar poleas fijas y un cable sujeto a una carga, el aparejador puede subir y bajar la carga enrollando el cable alrededor de un tambor.
- *Polipastos de cadena*: los polipastos de cadena se pueden operar de manera manual o mecá-

nica. Existen tres tipos de polipastos de cadena (*Figura 55*): manuales, eléctricos y neumáticos. Debido a que los polipastos de cadena eléctricos y neumáticos usan potencia mecánica, no manual, se conocen como polipastos de cadena motorizados. Todos los polipastos de cadena utilizan un sistema de engranajes para elevar cargas pesadas (*Figura 56*). Los engranajes se acoplan a un piñón que tiene una cadena con un gancho sujeto a ella. La carga se engancha en una cadena y los engranajes hacen girar el piñón, lo que hace que la cadena se desplace por el piñón y mueva la carga. El polipasto puede suspenderse mediante un gancho conectado al punto de anclaje pertinente, o puede suspenderse con un sistema de carros (*Figura 57*).

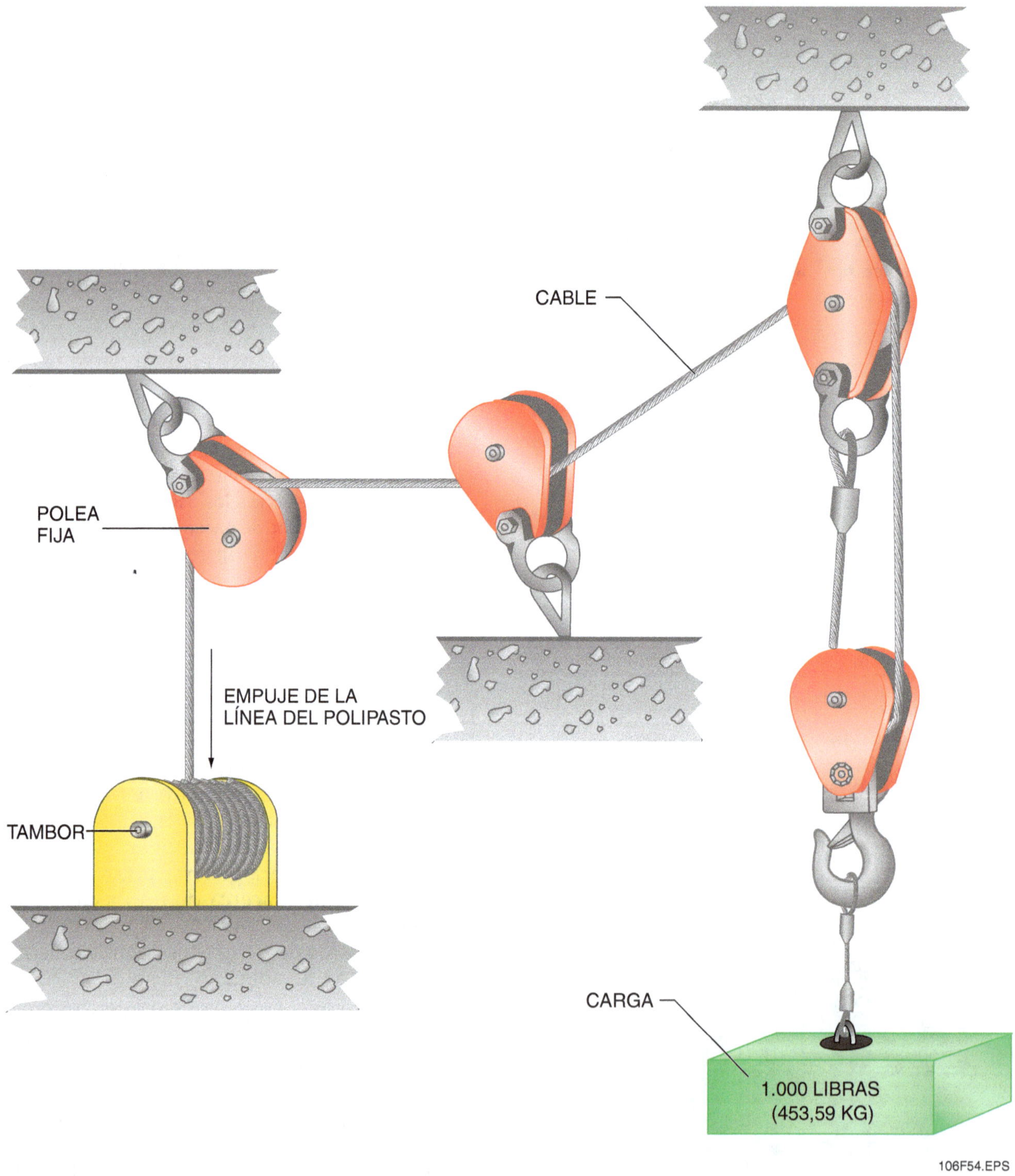

Figura 54 Sistema de aparejo de poleas.

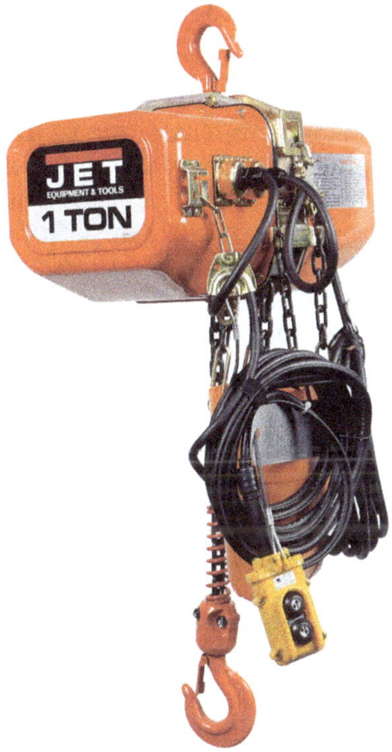

ELÉCTRICO 106F55A.EPS

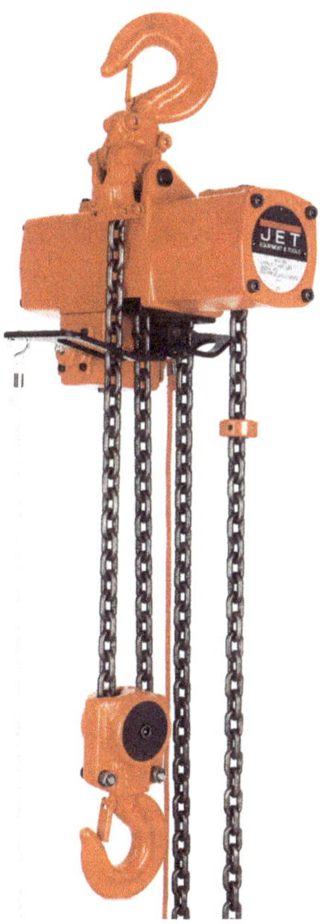

NEUMÁTICO 106F55B.EPS

MANUAL 106F55C.EPS

Figura 55 Tipos de polipastos de cadena.

6.1.0 Funcionamiento de los polipastos de cadena

Los polipastos de cadena se operan de forma manual (a mano) o mediante potencia eléctrica o neumática. En esta sección, aprenderá algunos de los procedimientos de operación fundamentales para utilizar polipastos de cadena tanto manuales como motorizados.

- *Polipasto de cadena manual*: para utilizar un polipasto de cadena manual, el aparejador suspende el aparejo encima de la carga a elevar, utilizando el gancho de suspensión o el montaje de carro. El aparejador sujeta el gancho a la carga y jala la caída de la cadena manual para subir la carga. La carga subirá o bajará, según de qué lado de la caída de cadena se jale.
- *Polipasto de cadena motorizado*: para utilizar un polipasto de cadena motorizado eléctrico o neumático, el aparejador posiciona el polipasto de cadena encima de la carga a elevar, sujeta el gancho a la carga y utiliza el panel de control para subir la carga. Solo personas calificadas pueden utilizar polipastos de cadena motorizados.

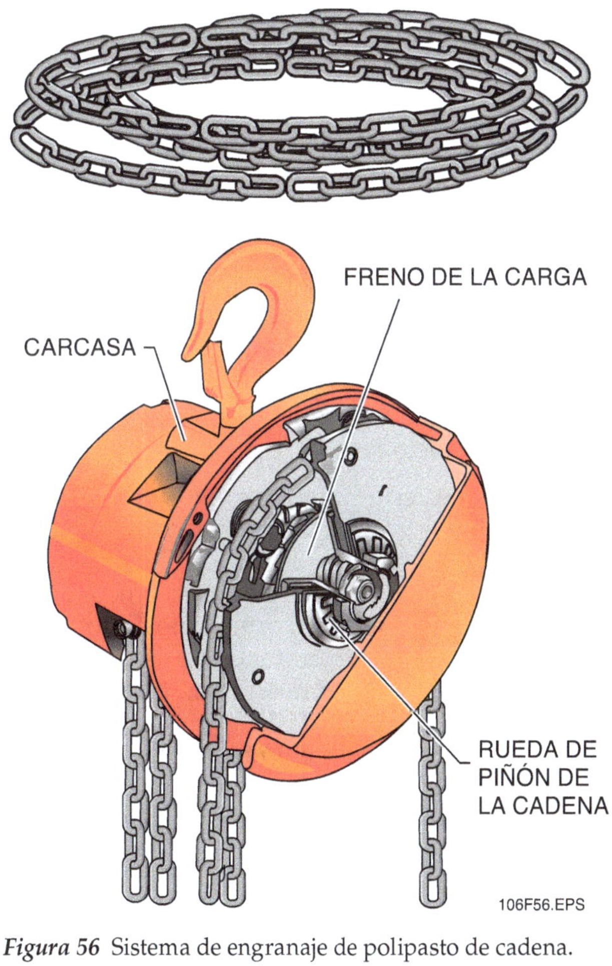

Figura 56 Sistema de engranaje de polipasto de cadena.

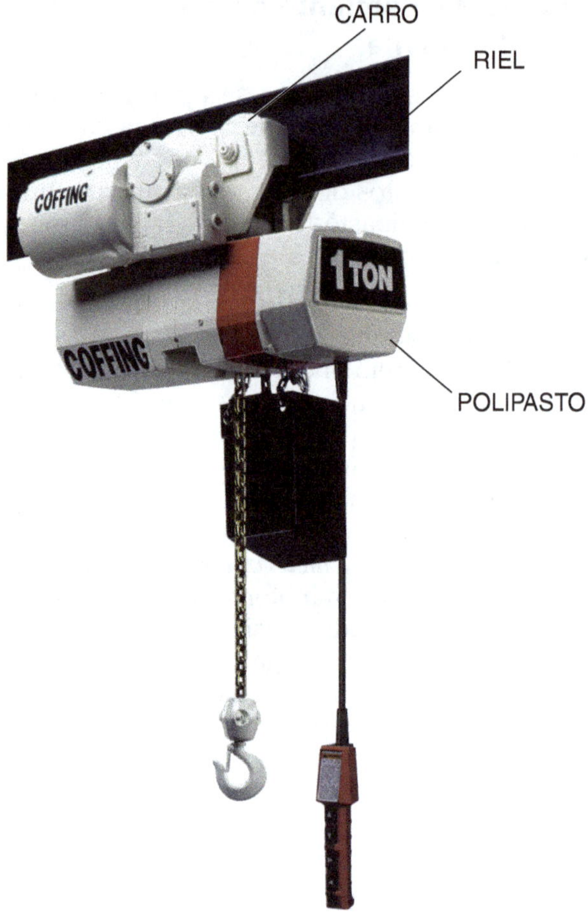

106F57.EPS

Figura 57 Polipasto suspendido con un sistema de carro.

6.2.0 Seguridad y mantenimiento de los polipastos

Además de las reglas de seguridad generales que aprendió en el módulo de Seguridad básica, hay ciertas reglas de seguridad específicas para los trabajos con polipastos. Deben seguirse las siguientes indicaciones:

- Siempre use equipos de protección personal adecuados al trabajar en operaciones de elevación o cerca de ellas.
- Asegúrese de que la carga esté correctamente equilibrada y sujeta correctamente al polipasto antes de intentar levantarla. Las cargas desequilibradas pueden deslizarse o moverse, y hacer que el polipasto falle.
- Mantenga limpios los engranajes, las cadenas y los cables. El mantenimiento incorrecto puede acortar la vida útil de las cadenas y los cables.
- Lubrique los engranajes periódicamente para evitar que las ruedas se atoren.
- Nunca eleve objetos de ningún tamaño sin la supervisión pertinente.

7.0.0 Operaciones y prácticas de aparejamiento

En este módulo, aprendió algunas nociones básicas sobre las herramientas que se utilizan para realizar operaciones de aparejamiento. También aprendió algunas de las prácticas de aparejamiento básicas que se utilizan para realizar elevaciones. Ahora aprenderá cómo aplicar estos conocimientos básicos para lograr participar en operaciones de aparejamiento seguras y eficientes.

7.1.0 Capacidad nominal

Todas las eslingas, implementos y dispositivos de aparejamiento deben estar claramente marcados con su capacidad nominal. No deben usarse etiquetas de papel. La capacidad nominal es lo mismo que el límite de carga para trabajar (WLL) o la carga segura para el trabajo (SWL). Es necesario determinar la capacidad nominal de las eslingas y los implementos de aparejamiento para asegurarse de que las cargas sean levantadas y transportadas de manera segura y efectiva.

¡ADVERTENCIA!

¡Nunca exceda la capacidad nominal! La sobrecarga puede causar una falla catastrófica.

7.2.0 Sujeción de eslingas

Antes de sujetar las eslingas a una carga, los aparejadores deben tener en cuenta varios puntos importantes. El aparejador debe seleccionar el tipo de eslinga más apropiado (sintética, de acero de aleación o de cable) para la carga que se va a elevar e inspeccionar que la eslinga no esté dañada. Una vez elegido el tipo de eslinga, debe decidir cuál es la mejor configuración o enganche de aparejamiento (vertical [brida], de estrangulación o canasta) para elevar la carga. Ya sabiendo el tipo de eslinga y el mejor enganche, el aparejador procede a elegir el implemento de aparejamiento adecuado para conectar la eslinga a la carga. Para tomar la decisión más segura, el aparejador debe saber el peso total de la carga, el ángulo al que la(s) eslinga(s) se sujetará(n) a la carga y la tensión total que se aplicará a la eslinga(s) durante la elevación. Recién entonces puede utilizarse una eslinga para realizar el aparejamiento seguro de una carga.

En el lugar

No apto para elevaciones

Nunca use una garrucha para maniobras aéreas de elevación en sentido vertical. Úsela solamente para mover cargas en sentido horizontal sobre el suelo. Tenga cuidado de no confundir una garrucha con un polipasto con palanca de trinquete. Estos tienen tanto un freno a fricción como un freno de control de carga de trinquete y gatillo. Las garruchas tienen solo un trinquete con resorte que mantiene el gatillo en su lugar. Si el trinquete y gatillo fallan, la carga aérea se cae.

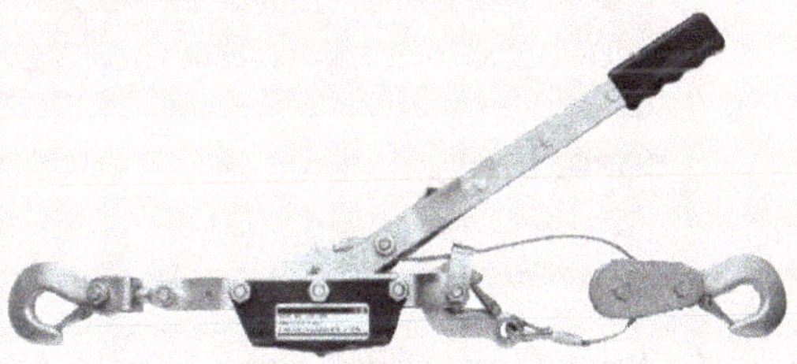

GARRUCHA 106SA02A.EPS

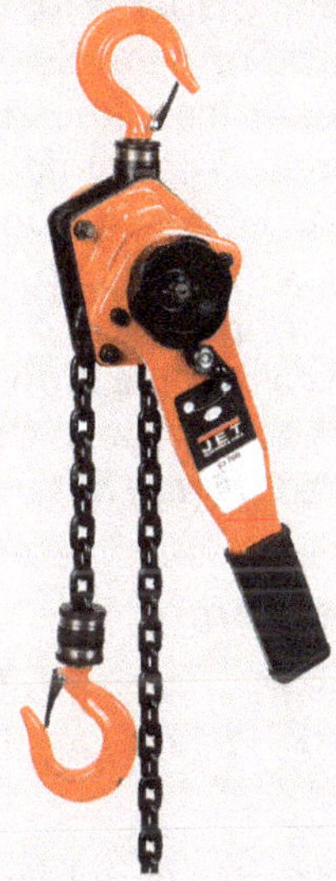

POLIPASTO CON PALANCA DE TRINQUETE

106SA02B.EPS

Cuando se usan eslingas, deben seguirse las siguientes indicaciones de seguridad:

- Seleccione la longitud correcta de eslinga para la elevación. Nunca intente acortar una eslinga envolviéndola en el gancho de elevación antes de sujetar el ojal al gancho.
- Nunca intente acortar los brazos de una eslinga mediante nudos, enrollando o enroscando una eslinga sobre otra.
- Nunca intente acortar una eslinga de cadena uniendo los eslabones con pernos o alambre.

¡ADVERTENCIA!

Utilice la longitud correcta de eslinga para cada elevación. Intentar acortar una eslinga puede causar un accidente.

- Asegúrese de que todo el personal haya despejado el sector de la carga antes de levantar el peso total de la carga con las eslingas.
- Nunca intente ajustar las eslingas cuando esté tirando de la carga.
- Asegúrese de que el personal mantenga sus manos lejos de las eslingas y de la carga durante la elevación.
- Use protectores en las eslingas siempre que sea posible. Los protectores de eslingas la protegen de la abrasión, los cortes, el calor y los daños por productos químicos. Los protectores o los cojinetes pueden ser fabricados o confeccionados en el lugar, y su uso regular aumenta considerablemente la vida útil de la eslinga. Si no se dispone de mangas estándar, utilice correas de caucho o trozos de eslingas viejas. Los protectores evitan deformaciones en los cables. Existen amortiguadores esquineros especialmente destinados a ese fin, pero si no se dispone de ellos, el aparejador puede utilizar lo que tenga a mano para proteger los cables. La madera, las eslingas de red viejas y los amortiguadores de fábrica pueden proporcionar cierta protección. Los protectores para eslingas de cadena protegen los eslabones en contacto con las esquinas de la carga e impiden que los eslabones de la cadena rocen o aplasten la carga.

7.3.0 Sujeción de implementos

La mayoría de los enganches requiere algún tipo de implemento para sujetar las eslingas a un equipo o una grúa. Usted ya aprendió acerca de los grilletes, los cáncamos y los ganchos. Esta sección resume las nociones básicas de cómo estos equipos se sujetan a la carga.

7.3.1 Grilletes

Existen varios requisitos de instalación para evitar que los grilletes se dañen o fallen durante la elevación. Por ejemplo, el grillete debe permanecer alineado con la eslinga de modo que el grillete no reciba carga lateral y sea empujado por la tensión de la carga. Además, cuando se coloca un grillete con pasador roscado, el pasador no debe ajustarse demasiado o ello estirará las roscas. El ajuste excesivo hace que sea difícil mover el grillete y puede dañarlo de modo que lo deba sacar de servicio (*Figura 58*).

7.3.2 Cáncamos

Los cáncamos deben colocarse de manera segura y correcta. Deben seguirse las siguientes indicaciones:

- Los cáncamos deben colocarse de manera tal que el plano del ojal esté en línea directa con el plano de la eslinga cuando la eslinga se posiciona en un ángulo que no sea vertical (*Figura 59*). De lo contrario, el cáncamo puede ceder bajo la tensión de la carga, lo que podría causar una deformación grave del cáncamo o incluso causar una fractura o la falla total del ojal.
- Los cáncamos con topeo bases giratorias deben colocarse de modo que el tope o la base estén nivelados con la superficie de la carga y estén en contacto en toda la circunferencia del tope o la base.

7.3.3 Ganchos

Los ganchos deben sujetarse cuidadosamente a la carga para evitar que el gancho se doble. Cuando un gancho se une a un **pasacabo** o cáncamo, puede recibir carga de punta. Cuando un gancho se encuentra bajo carga de punta, éste se estira fá-

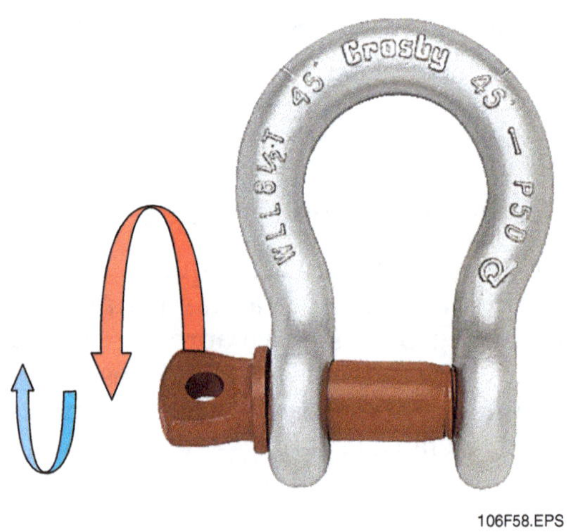

106F58.EPS

Figura 58 No se debe ajustar demasiado el pasador.

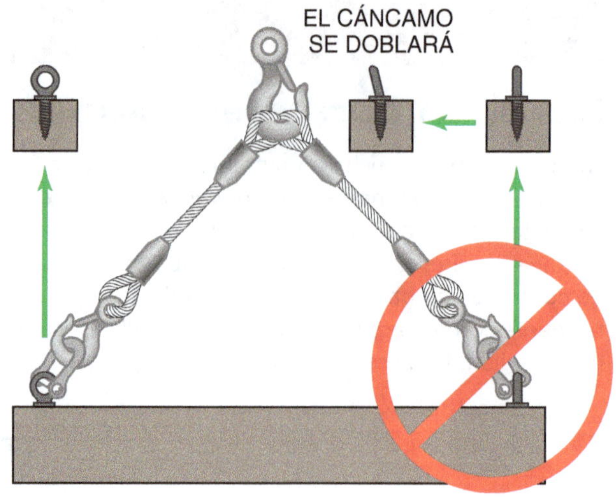

106F59.EPS

Figura 59 Orientación de los cáncamos.

cilmente hasta abrirse y se sale de la carga. Su capacidad disminuye enormemente cuando más se acerca la carga a la punta del gancho (*Figura 60*). Si se utiliza un grillete en vez de colocar el gancho directamente en el pasacabo o cáncamo, ello evitará que esto suceda.

7.4.0 Control de la carga

Un control seguro y eficiente de la carga (*Figura 61*) implica comunicación, el uso de técnicas físicas de control de carga, el manejo seguro de las cargas, la implementación de precauciones en la zona de descarga y el cumplimiento de las prácticas de extracción y desconexión de eslingas.

7.4.1 Señales manuales de la Sociedad Estadounidense de Ingenieros Mecánicos (ASME)

El desplazamiento de la carga se logra al utilizar señales comunes (ya sea señales verbales por radio, o señales manuales) para dirigir los movimientos de la carga. Utilizar las señales manuales para comunicar las direcciones de desplazamiento de la carga es un elemento integral del transporte seguro y del control de todas las cargas. Las señales manuales establecidas se emplean para comunicar direcciones de desplazamiento de cargas de parte de la persona encargada de dar señales al operador de la grúa. Las señales manuales utilizadas en las operaciones de aparejamiento han sido desarrolladas y estandarizadas por la Sociedad Estadounidenses de Ingenieros Mecánicos, o la ASME. **Las señales manuales de la ASME** han sido desarrolladas y normalizadas para su uso con grúas móviles (*Figura 62*) y con grúas de puente (*Figura 63*). Las señales manuales estánda-

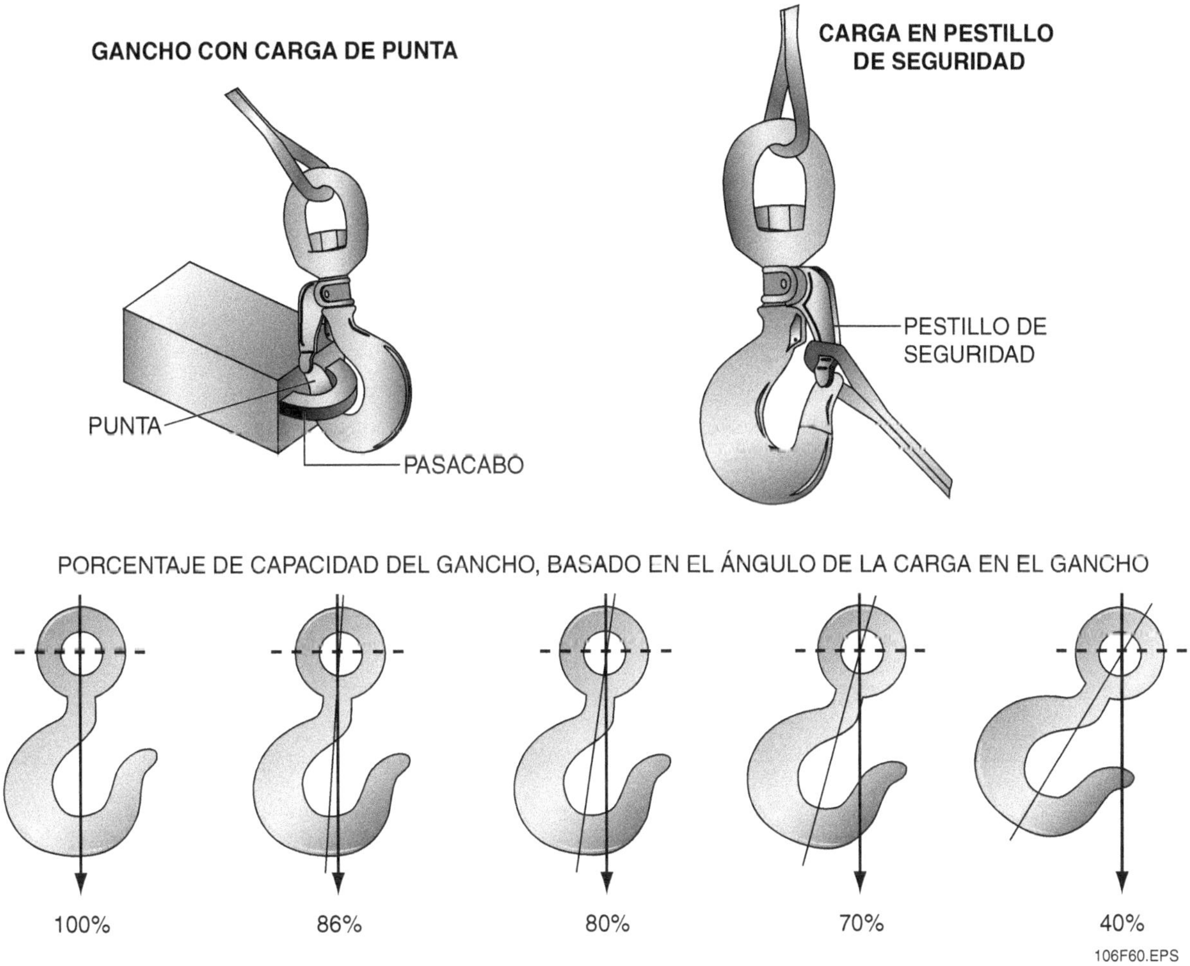

Figura 60 Disminución de la capacidad por carga de punta.

res, si las utiliza correctamente y tanto la persona que hace las señales como el operador de la grúa las entienden con claridad, proporcionan instrucciones claras e inequívocas para las distintas combinaciones de movimientos necesarios para que la grúa transporte una carga en forma segura.

7.4.2 Trayecto de carga, control de carga y cuerdas guía

Es posible que se necesite control físico de la carga más allá de la capacidad de la grúa. Las cuerdas guía se usan para limitar el movimiento no deseado o involuntario de la carga en respuesta al movimiento de la grúa, o para permitir rotar la carga de manera controlada para su posicionamiento. Las cuerdas guía se sujetan antes de levantar la carga. El aparejador verifica que la carga esté equilibrada después de levantarla.

7.4.3 Seguridad del aparejamiento

Por su seguridad, la de los demás trabajadores y la de los equipos durante una elevación, es fundamental que comprenda y ponga en práctica lo siguiente:

- Conozca qué implica su trabajo.
  - Entienda todo lo que involucra su trabajo.
  - Asegúrese de tener las herramientas y los equipos correctos para el trabajo y de saber cómo usarlos.
  - Asegúrese de que un aparejador calificado realice el aparejamiento.
- Esté siempre preparado.
  - Tenga listos y en buen estado de funcionamiento el equipo de aparejamiento, los equipos de protección personal y las herramientas. Los equipos de protección personal incluyen cascos, botas con puntera de acero o reforzada, guantes de cuero, máscaras para polvo y protección para los ojos.
- Siempre actúe de manera correcta y segura.
  - Siempre siga los procedimientos recomendados para usar los equipos de elevación y nunca tome atajos para ahorrar tiempo.

Evite los amarres laterales

Utilice un par de grilletes en los cáncamos en vez de pasar la eslinga por el implemento alrededor de la carga. Pasar la eslinga a través de los cáncamos como se muestra y tensionar jalará los cáncamos hacia adentro y la tensión cortará los pernos.

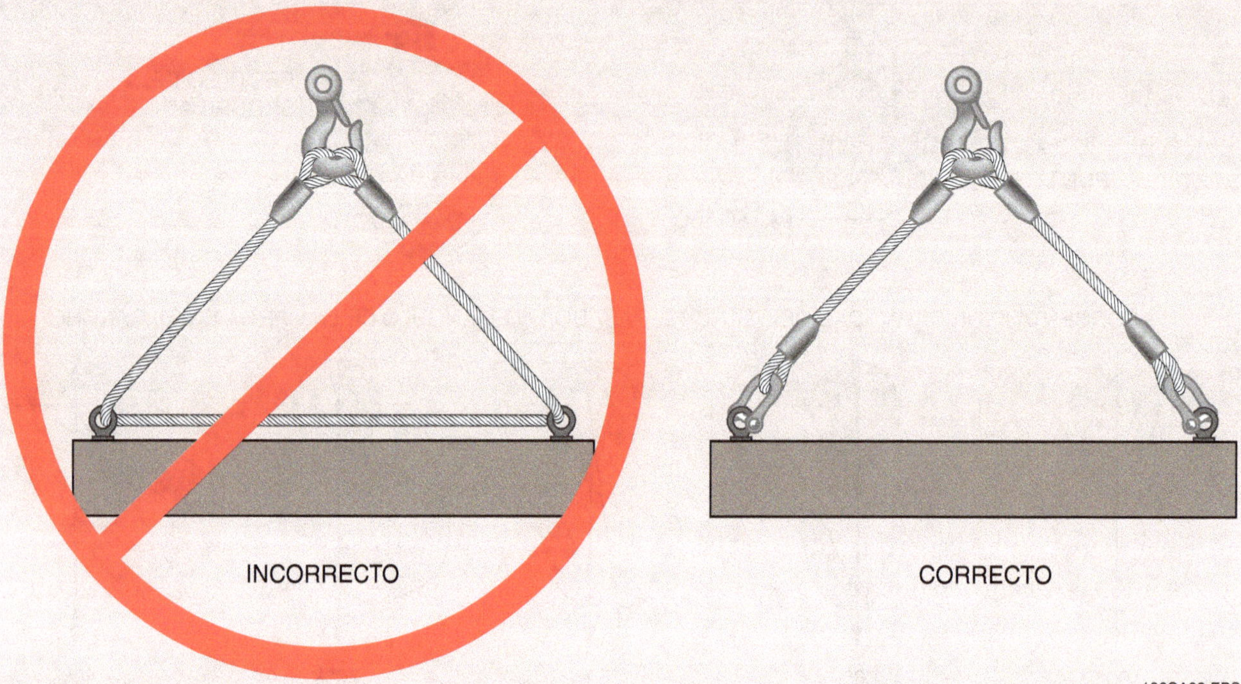

106SA03.EPS

La tensión lateral severa de ángulos de eslinga bajos puede hacer que la carga se desplace al centro a causa del empuje lateral. Aplique la máxima precaución al sujetar una eslinga a cáncamos giratorios, incluso aunque el cáncamo giratorio no tenga restricciones sobre los ángulos de la eslinga.

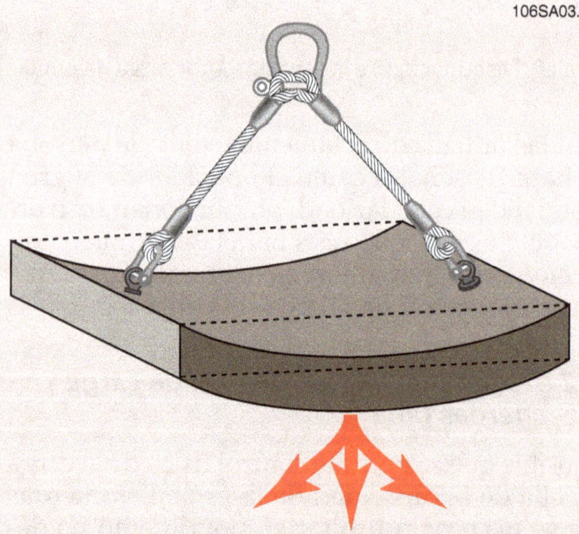

PELIGRO: AMARRE DE LA CARGA.

106SA04.EPS

- Entienda la importancia de una buena limpieza.
  - Cuide los equipos y manténgalos limpios y en buen estado de funcionamiento.
  - Siempre guarde correctamente las herramientas y los equipos.
  - Inspeccione a menudo los equipos de aparejamiento. Esto es lo más importante que puede hacer.
- Entienda que la seguridad es tarea de todos.
  - Actúe en pos de la seguridad.
  - Vele no solo por su seguridad, sino también por la de sus compañeros de trabajo.

PRECAUCIÓN

Si la elevación requiere trabajar a una altura de más de 6 pies (1,82 m), asegúrese de estar usando la protección contra caídas pertinente, lo que incluye un arnés de seguridad y cuerdas de seguridad.

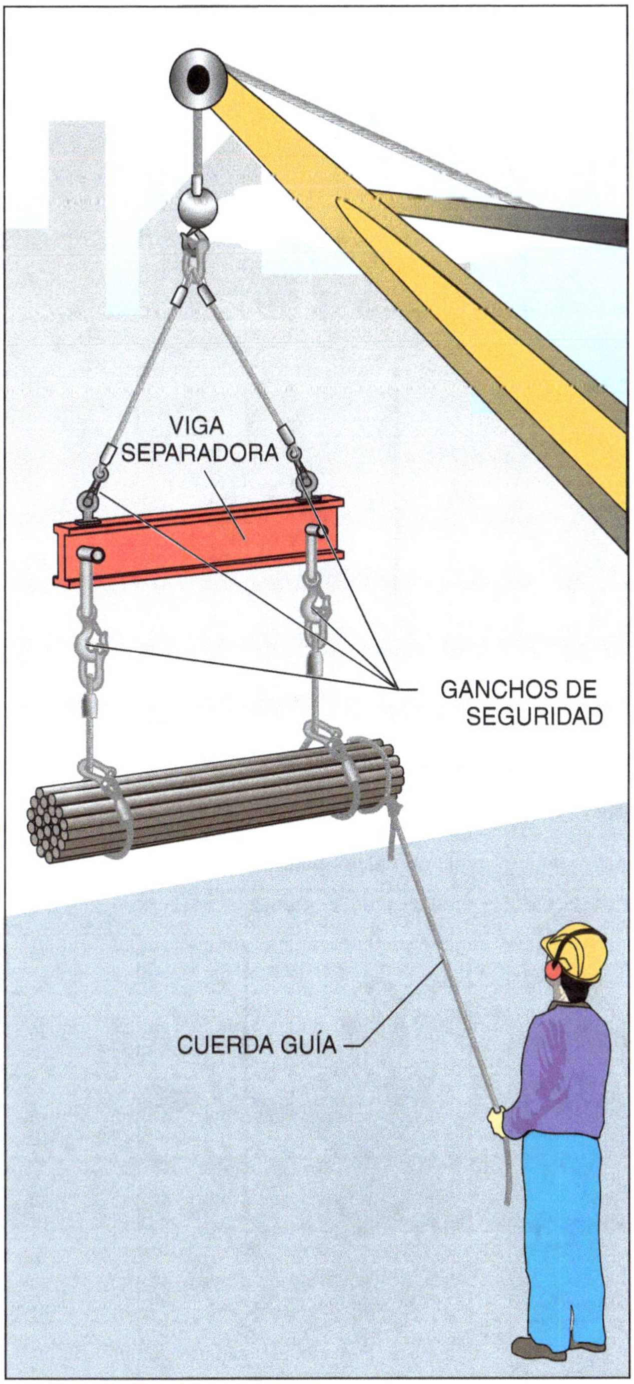

106F61.EPS

Figura 61 Control de la carga seguro y eficiente.

7.4.4 Gestión de riesgos

La gestión de riesgos es el proceso de análisis del área de trabajo y de los detalles de la elevación antes de que ésta comience. Una planificación correcta de gestión de riesgos puede reducir en gran medida el potencial de lesiones de los trabajadores y peatones y de daños a la propiedad, las estructuras o los materiales. La gestión de riesgos permite anticipar situaciones peligrosas y desarrollar un plan que ayude a evitarlas.

Al considerar la gestión de riesgos, deben tenerse en cuenta los siguientes puntos:

- Mida el alto y el ancho de los espacios para asegurarse de que los equipos y la carga puedan desplazarse por la ruta prevista, lo que incluye tamaño de corredores, ancho y altura de puertas y espacios en el área del techo.
- Verifique la ubicación de tuberías, cables de corriente, líneas de vapor o alguna otra estructura en el área de trabajo inmediata.
- Asegúrese de que podrá sacar los equipos móviles una vez posicionada la carga.
- Controle el tráfico pedestre y asegure las áreas de trabajo utilizando un método adecuado aprobado por el capataz encargado del trabajo. Una cinta de advertencia, soga, luces de advertencia y una persona que vigile son todos medios que pueden resultar adecuados.
- Si la elevación se va a realizar al aire libre, asegúrese de verificar el pronóstico del tiempo varios días antes para conocer la intensidad del viento, temperaturas extremas y factores que puedan afectar la visibilidad, como por ejemplo lluvia, nieve, niebla y oscuridad.

En el lugar

Verificación de seguridad previa a la elevación

Siga estas indicaciones para garantizar su seguridad y la de las demás personas en el lugar:

- Utilice los equipos de aparejamiento adecuados.
- Sepa cómo inspeccionar los equipos de aparejamiento para asegurarse de que funcionen correctamente.
- Comprenda plenamente los principios involucrados en una elevación de modo de seguir los procedimientos de aparejamiento pertinentes.
- Comuníquese con los demás de manera efectiva antes, durante y después de una elevación.

106F62A.EPS

Figura 62 Señales manuales para grúa móvil. (1 de 2)

Figura 62 Señales manuales para grúa móvil. (2 de 2)

Figura 62 Señales manuales para grúa móvil. (3 de 3)

PRECAUCIÓN

El viento puede complicar enormemente una elevación, y por esta razón se debe estudiar detenidamente y tener en cuenta según corresponda. Tenga en cuenta que los vientos fuertes pueden generar fuerzas adicionales sobre la carga, y que las cargas livianas y de dimensiones grandes tienden a balancearse fácilmente.

¡ADVERTENCIA!

Nunca intente levantar una carga que esté trabada en el suelo porque puede aflojarse de repente y generar una carga de choque en los equipos. La carga de choque puede causar costosos daños a los equipos y puede crear situaciones que pongan en riesgo la vida de los trabajadores.

- Conozca la **capacidad de peso** de las estructuras involucradas, como por ejemplo pisos, puentes, rampas, elevadores, armaduras y vigas y columnas a las que se sujetarán los equipos. Las capacidades estructurales pueden indicarse directamente en las columnas. Si no estuvieran indicadas, comuníquese con el departamento de ingeniería del edificio para obtener esta información.
- Verifique que no haya en el área de trabajo obstáculos con los que pueda tropezarse durante la elevación, como por ejemplo objetos que se muevan o sobresalgan, superficies resbaladizas y huecos, depresiones o inclinaciones en su trayecto de desplazamiento.

7.4.5 Manejo seguro de la carga

La seguridad de las elevaciones es responsabilidad de todos los involucrados, incluidos el aparejador, el operador de los equipos y los trabajadores. Para poder controlar una carga de manera segura y efectiva, debe cumplir estos requisitos de seguridad en el manejo de la carga:

- Mantenga libres la parte frontal y trasera de las vías de giro de la grúa durante toda la elevación (*Figura 64*). La mayoría vigila la carga cuando está en movimiento, lo cual no les permite ver la parte trasera de la grúa cuando se acerca. Utilice indicadores de seguridad y acordone el área para ayudar a evitar accidentes y lesiones.
- Mantenga la zona de descarga libre de personal que no sean los encargados de tender las cuerdas guía.

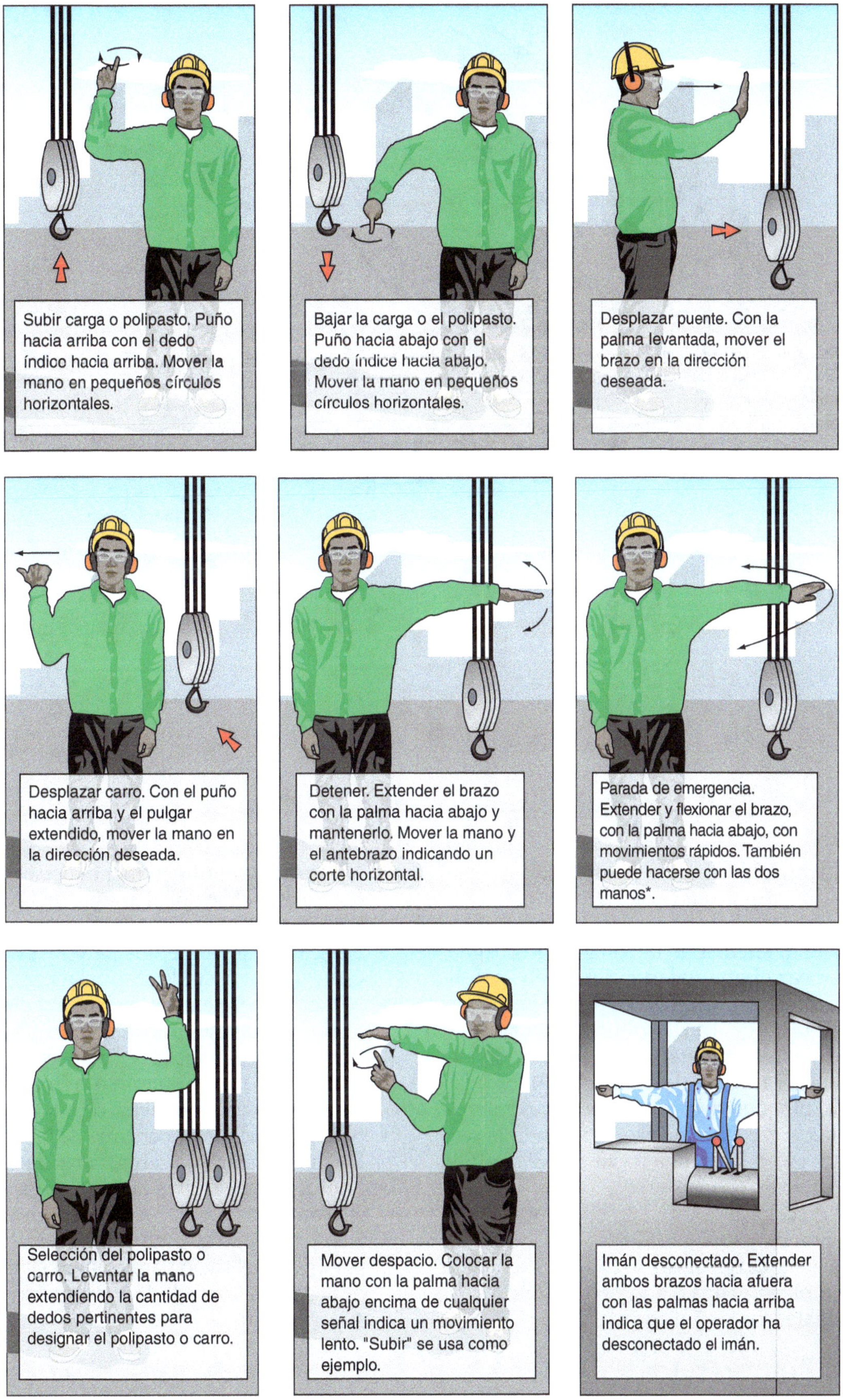

NOTA: La señal de Parada de Emergencia es la única señal que puede ser dada por cualquier persona distinta de la persona encargada de indicar las señales.

106F63.EPS

Figura 63 Señales manuales para grúa de puente.

Figura 64 Vía de giro trasera.

- Verifique que el bloqueo y **apuntalado** necesarios para la carga estén colocados y listos antes del posicionamiento para la descarga. Bajar la carga justo encima de la zona de descarga y luego colocar el apuntalado y bloqueo es peligroso porque los aparejadores deben pasar por debajo de la carga. La distribución del apuntalado se puede completar en la zona donde se apoyará la carga antes de colocarla allí. Es posible que el bloqueo deba disponerse después de colocar la carga. En este caso, mantenga la tensión de carga en la eslinga hasta que el bloqueo esté colocado en forma segura.
- No trate de colocar la carga en el apuntalado en forma manual.
- No mueva la carga si en algún momento no puede ver bien la carga o a la persona encargada de dar señales.
- Nunca se pare directamente debajo del material que se está elevando. Párese a un costado, lo más lejos posible.
- Nunca se pare entre una pared y la carga, ya que ésta puede aplastarlo si se balancea.
- Nunca se pare entre una carga y el borde de un techo, ya que ésta puede golpearlo y hacerlo perder el conocimiento si se balancea.
- Asegúrese de que ningún otro trabajador camine accidentalmente por abajo de la carga.
- Nunca se incline por encima de un borde para intentar alcanzar una carga, porque puede caerse.
- Nunca intente recibir una carga que esté girando sin control.
- Siempre asegúrese de que haya al menos una persona en el suelo para realizar el aparejamiento de la carga y controlarla, y una persona en el nivel superior para recibirla.

Mantener libre la vía de giro

Mantenga la vía de giro o la vía de carga libre de personal y obstrucciones. Los operadores de grúas o polipastos deben vigilar la carga cuando está en movimiento. Nunca trabaje debajo de una carga suspendida. Para obtener más información de seguridad en las vías de giro, consulte el CFR 1926, Subparte N, de la Administración de Seguridad y Salud Laboral (OSHA) y la norma B30.2 de la Sociedad Estadounidense de Ingenieros Mecánicos (ASME).

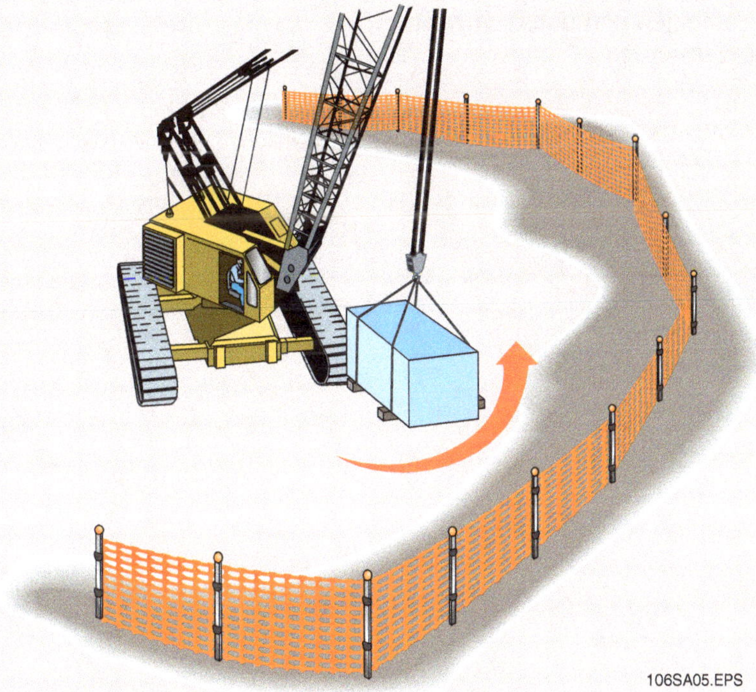

106SA05.EPS

PRECAUCIÓN

Apoyar la carga en el suelo y desconectar el aparejamiento son los pasos finales de cualquier elevación. Muchos accidentes y lesiones de aparejamiento ocurren en este momento porque los aparejadores creen equivocadamente que la elevación finaliza justo antes de la descarga. No prestan total atención al requisito de descarga segura.

PRECAUCIÓN

Algunos trabajadores han sufrido lesiones de espalda graves al intentar acomodar una carga haciendo fuerza manualmente o al tratar de detener incluso un balanceo leve de la carga. También pueden ocurrir fácilmente lesiones de aplastamiento de manos u otras extremidades si la carga se moviera o balanceara en las etapas finales de la descarga. Si la carga se debe apoyar con control exacto, se deben usar postes de etiquetado, cuerdas guía adicionales o dispositivos de polipasto.

RESUMEN

Aunque las operaciones de aparejamiento son procedimientos complejos que pueden presentar muchos peligros, observar o participar en una elevación realizada por profesionales de aparejamiento calificados puede ser gratificante. Este módulo presentó muchas de las pautas básicas que debe seguir para garantizar su seguridad y la de las personas que trabajen con usted durante una operación de aparejamiento.

El enfoque básico del aparejamiento implica realizar una minuciosa planificación antes de cada elevación e implementar los procedimientos pertinentes en cada elevación. La información aquí comprendida constituye los cimientos para una profesión de construcción segura, productiva y gratificante.

Preguntas de repaso

1. Las etiquetas de identificación de las eslingas deben incluir _____.
   a. el tipo de cojinete protector que se debe utilizar
   b. el tipo de daño experimentado durante el uso
   c. el color del indicador de daño
   d. el nombre del fabricante o la marca comercial

2. Las eslingas sintéticas deben ser inspeccionadas _____.
   a. la primera vez que son utilizadas
   b. antes de cada uso
   c. cada cinco usos
   d. solo con la vista

3. Una eslinga de cadena que _____ no debe ser utilizada.
   a. presenta eslabones estirados a causa de sobrecarga
   b. presenta pintura en más de la mitad de los eslabones
   c. tiene más de un año de antigüedad
   d. tiene una etiqueta de identificación

4. El tipo de cable que es vulnerable al daño por calor a temperaturas relativamente bajas es el de _____.
   a. alma de fibra
   b. alma de torones
   c. alma de cables independientes
   d. alma de soporte

5. El enganche _____ de brazos múltiples utiliza tres o cuatro enganches simples para aumentar la estabilidad de la carga.
   a. de anillo
   b. de estrangulación
   c. de brida
   d. de canasta

6. _____ permite que las eslingas se conecten a la misma carga sin necesidad de usar una viga separadora.
   a. El péndulo
   b. El enganche de estrangulación
   c. La canasta
   d. El enganche de brida

7. El enganche que se hace envolviendo la eslinga en la carga y luego pasando un ojal de la eslinga por un grillete se llama _____.
   a. canasta
   b. enganche de brida
   c. enganche de estrangulación
   d. enganche de anillo

8. El implemento de aparejamiento que se usa para acoplar el extremo de un cable a accesorios de ojal, ganchos u otras conexiones es un(a) _____.
   a. cáncamo
   b. grillete
   c. abrazadera
   d. perno en U

9. El implemento de aparejamiento diseñado para trasladar cargas tales como placas de acero o paneles de concreto sin utilizar eslingas se llama _____.
   a. abrazadera de grillete
   b. abrazadera en C
   c. abrazadera de elevación
   d. abrazadera con perno en U

10. Cuando el ángulo de la eslinga disminuye, la tensión de la eslinga _____.
    a. se mantiene igual
    b. disminuye
    c. aumenta
    d. desaparece

11. Cuanto mayor es la tensión de la eslinga, _____.
    a. menos hay que preocuparse por la seguridad de la elevación
    b. mayor es el efecto sobre la seguridad de la elevación
    c. más segura es la elevación
    d. mayor es la cantidad de eslingas que se deben utilizar

12. Los polipastos de cadena motorizados deben ser utilizados únicamente por _____.
    a. personas que no puedan levantar las cargas de forma manual
    b. ingenieros mecánicos
    c. personas calificadas
    d. estudiantes de aparejamiento

13. Al trabajar con polipastos, asegúrese de que la carga _____ antes de intentar elevarla.
    a. sea lo suficientemente pesada
    b. esté correctamente balanceada
    c. esté separada del polipasto
    d. esté conectada a un punto de anclaje

14. Una indicación de seguridad para utilizar una eslinga es _____.
    a. acortarla enrollándola alrededor del gancho de elevación
    b. seleccionar la longitud de eslinga correcta para la elevación
    c. ajustar los brazos de la eslinga anudando su extensión
    d. unir los eslabones de una cadena con alambre para acortar el brazo

15. La capacidad de un gancho con carga de punta _____ cuanto más se acerca la carga hacia la punta del gancho.
    a. disminuye enormemente
    b. aumenta enormemente
    c. se mantiene igual
    d. disminuye levemente

Cuestionario de términos clave

Complete los espacios en blanco con el término correcto que aprendió durante el estudio de este módulo.

1. Un sistema simple de cuerda y polea que se denomina ___________ se usa para elevar cargas.
2. ___________, un tipo de implemento de aparejamiento, se encuentra disponible en tres diseños básicos: sin tope, con tope y giratorio.
3. Utilice un anillo simple llamado ___________ para sujetar varias eslingas a un gancho de elevación.
4. El (la) ___________ es la distancia entre el eslabón maestro de la eslinga y el accesorio de extremidad de la eslinga o, bien, el punto más bajo de la canasta.
5. ___________, también conocido(a) como bloqueo, es el material que se usa para poder extraer las eslingas después de apoyar la carga en el suelo.
6. La persona encargada de dar señales utiliza ___________ para comunicar direcciones de desplazamiento de cargas al operador de la grúa.
7. Utilizar un enganche de estrangulación y presionar el enganche hacia abajo en paquetes sueltos solo sirve para aumentar enormemente el (la) ___________ sobre el brazo de estrangulación.
8. Una eslinga de red sintética sin fin, también denominada ___________, está hecha de una eslinga de capa simple o múltiple que forma un bucle.
9. Se denomina ___________ o configuración del aparejo a la manera en la que se ubica la eslinga para sostener la carga.
10. Un enganche ___________ utiliza dos o más eslingas para conectar una carga a un único gancho de elevación.
11. Para formar un enganche de estrangulación, enrolle la eslinga alrededor de la carga y pase uno de los ojales de la eslinga por un(a) ___________ para formar un bucle alrededor de la carga.
12. Un(a) ___________ utiliza un sistema de poleas para brindar una ventaja mecánica para elevar una carga.
13. Un(a) ___________ se usa para trasladar cargas tales como placas de acero o paneles de concreto sin utilizar eslingas.
14. El (la) ___________ es la cantidad total de lo que se está elevando.
15. Es importante entender este concepto: Cuando ___________ disminuye, ___________ aumenta.
16. La tensión que el peso de la carga suspendida aplica sobre el aparejamiento se denomina ___________.
17. El (la) ___________ es el implemento de conexión principal de las eslingas de cadena.
18. Para formar una eslinga de red sin fin, los extremos se ___________.
19. ___________ es igual a la distancia en longitud que cubre un alambre al dar una vuelta completa alrededor del alma.
20. Las eslingas de doble ojal estándares tienen ojales en el (la) mismo(a) ___________, mientras que las eslingas de doble ojal torcido tienen ojales en ángulos rectos entre sí.
21. El (la) ___________ es el enlace entre la carga y el dispositivo de elevación.
22. El peso máximo de la carga que una eslinga esta diseñada para transportar se denomina _____.
23. Ejemplos de ___________ para eslingas sintéticas incluyen falta de etiqueta de identificación, perforación y aplastamiento.
24. Utilice un(a) ___________ para sujetar una eslinga a una carga.
25. La rueda de polea ranurada para cambiar la dirección de empuje de una cadena y que suele encontrarse en una grúa se denomina ___________.
26. Asegúrese de sujetar cuidadosamente los enganches a la carga para evitar que el gancho se doble en un(a) ___________, que es una sujeción de elevación estructural soldada.
27. Cuando las eslingas son empujadas de costado por el peso de la carga, este(a) ___________ agrega más tensión a la eslinga.

28. Las partes de la eslinga que llegan desde el dispositivo de sujeción y rodean el objeto que se está elevando se denominan ___________.

29. Un(a) ___________ es un grupo de alambres que rodean un alma central.

30. Los aparejadores utilizan un(a) ___________ para limitar el movimiento indeseado de la carga cuando la grúa comienza a moverse.

31. Si el (la) ___________ se ve, no es seguro utilizar la eslinga.

32. Una eslinga de cable está formada por alambres de acero de alta resistencia que forman torones que envuelven un(a) ___________ de soporte.

33. Un cáncamo es un implemento de aparejamiento con un(a) ___________, lo que significa que tiene una serie de ranuras en espiral marcadas.

34. Para evitar que la carga gire libremente, se debe utilizar algún método de ___________.

35. Las eslingas ___________ están formadas por alambres de acero de alta resistencia que forman torones que envuelven un alma.

36. ___________ es el proceso de análisis de un área de trabajo antes de realizar una elevación.

37. El peso máximo que una estructura puede soportar de manera segura es el (la) ___________.

38. Un(a) ___________ se usa para determinar si una eslinga sin fin ha sido sobrecargada.

Términos clave del oficio

Abrazadera de elevación
Alcance de la eslinga
Alma
Ángulo de la eslinga
Anillo de conexión
Aparejo de poleas
Apuntalado
Brazos de la eslinga
Brida
Cable
Cáncamo
Capacidad de peso
Capacidad nominal
Carga
Control de la carga
Criterios de rechazo
Cuerda guía
Empalme
Empuje lateral
Enganche
Eslabón maestro
Eslinga
Eslinga de anillo
Fuste roscado
Gancho de aparejamiento
Gestión de riesgos
Grillete
Hilo de advertencia
Indicador de daño
Pasacabo
Paso de un cable
Plano
Polea
Polipasto
Señales manuales de la ASME
Tensión
Tensión de la carga
Tensión de la eslinga
Torón

Robert (Bobby) Moffett

Instructor del Swanson Center forYouth Carpentry

¿Por qué eligió dedicarse a este campo?
La construcción fue algo natural para mí. Mi padre y mi hermano mayor eran ambos carpinteros. A los 12 años, tuve la oportunidad de ayudar a mi padre a construir una iglesia, y allí la construcción me atrapó. Mi padre era capataz en una empresa constructora de Louisiana. Cuando no estaba en la escuela, mi padre me llevaba con él, por lo que pasaba mucho tiempo entre trabajadores de la construcción. Cuando cumplí 13, mi hermano me contrató como ayudante, pensando que eso me desanimaría y me alejaría de la carpintería e iría a la universidad. Pero me encantó y me pasé la escuela secundaria trabajando los veranos y las vacaciones.

¿Qué tipos de entrenamiento ha tenido?
Después de la escuela secundaria, no recibí educación formal. Fui a la "Universidad de los Golpes".

¿Qué tipos de trabajo realizó en su profesión?
Hice algo de carpintería industrial y comercial, pero me dediqué mayormente a realizar casas a pedido. Me mudé de Louisiana a Virginia en la década de los ochenta después de que la situación económica se complicó. Con la ayuda de mi esposa, Peggy, fundé Moffett Construction Co. in Manassas, Virginia. Era una empresa de mejora de viviendas pequeña, pero funcionaba bien. Después de seis años en Virginia, comencé a extrañar a Louisiana y regresé para retomar la construcción de viviendas. En marzo de 1996, me ofrecieron trabajo como instructor de carpintería en el Swanson Correctional Center for Youth.

Cuéntenos sobre su empleo actual y qué le gusta de él.
Amo mi trabajo actual. Les enseño a jóvenes de 16 a 21 años que están en prisión. La mayoría de mis alumnos nunca han trabajado ni estado en contacto con la construcción. Me causa gran satisfacción ver que uno de mis alumnos alcance sus metas. En mi trabajo actual, en vez de desarrollar estructuras, desarrollo personas, y creo que eso es algo muy lindo.

¿Qué factores son los que más contribuyeron a su éxito?
Tanto mi padre como mi hermano me inculcaron una fuerte ética de trabajo. Además, en la escuela secundaria, algunos de mis profesores dijeron que a mí nunca me iría bien, y estaba decidido a demostrar que estaban equivocados.

¿Qué consejo daría a quienes son nuevos en este ámbito?
Recuerda que, para lograr el éxito total, se necesita entrenamiento formal además del conocimiento transmitido por profesionales experimentados. Aprenderás las nociones básicas importantes en el aula. En la práctica, aprenderás de los trabajadores más viejos y de sus herramientas gastadas. Si los tratas con respeto, con gusto compartirán sus conocimientos y su experiencia contigo. Cuanto más haces, más aprendes; cuanto más aprendes, más valiosa es tu presencia en el lugar de trabajo. Y nunca digas "ese trabajo no es para mí", ¡o terminarás buscando uno nuevo!

Términos clave del oficio introducidos en este módulo

Abrazadera de elevación: dispositivo que se usa para trasladar cargas, tales como placas de acero o paneles de concreto sin utilizar eslingas.

Alcance de la eslinga: medida que se toma desde el eslabón maestro de la eslinga, donde soporta el peso, hasta el accesorio de extremidad de la eslinga o, bien, el punto más bajo de la canasta.

Alma: miembro de soporte central de un cable envuelto por torones.

Ángulo de la eslinga: ángulo de una eslinga sujeta cuando se jala en relación con la carga.

Anillo de conexión: anillo simple que se usa para sujetar varias eslingas a un gancho de elevación.

Aparejo de poleas: sistema simple de cuerda y polea que se utiliza para elevar cargas.

Apuntalado: material utilizado para soportar una carga o, bien, para poder extraer las eslingas después de apoyar la carga en el suelo. También se denomina bloqueo.

Brazos de la eslinga: partes de la eslinga que se extienden desde el dispositivo de sujeción y rodean el objeto que se va a elevar.

Brida: configuración que utiliza dos o más eslingas para conectar una carga a un único gancho de elevación.

Cable: cuerda hecha de alambres de acero que forman torones y envuelven un alma de soporte para formar un cable completo.

Cáncamo: implemento de aparejamiento que se usa para sujetar una eslinga a una carga.

Capacidad de peso: peso máximo que una estructura puede soportar de manera segura.

Capacidad nominal: peso de carga máximo que una eslinga o un implemento o equipo pueden sostener o elevar. También se denomina capacidad de elevación, capacidad de trabajo, límite de carga para trabajar (WLL) y carga segura para el trabajo (SWL).

Carga: cantidad total de lo que se está elevando, incluidas todas las eslingas, los ganchos y los implementos.

Control de la carga: práctica segura y eficiente de manejo de la carga utilizando las técnicas de comunicación y manipulación pertinentes.

Criterios de rechazo: normas, reglas o pruebas sobre las que se basa la decisión de sacar un objeto o dispositivo de servicio porque dejó de ser seguro.

Cuerda guía: soga que se extiende desde la carga hasta el suelo. Los aparejadores sujetan cuerdas guía para evitar que una carga se balancee o gire sin control durante la elevación.

Empalmar: unir.

Empuje lateral: parte del empuje que actúa horizontalmente cuando las eslingas no están en posición vertical.

Enganche: configuración de aparejamiento mediante la cual una eslinga conecta la carga al enganche de elevación. Los tres tipos básicos de enganches son: vertical, de estrangulación y canasta.

Eslabón maestro: accesorio de conexión principal para eslingas de cadena.

Eslinga: cable, cadena de acero de aleación, entramado de malla metálica, soga sintética, red sintética o fibras de bucles sintéticos continuos con revestimiento que crean formas, con o sin accesorios de extremidad, y que se utilizan para manejar cargas.

Eslinga de anillo: eslinga fabricada con un bucle sin fin.

Fuste roscado: extremo de conexión de un sujetador, por ejemplo un perno, con una serie de ranuras en espiral. Las ranuras están diseñadas para coincidir con las ranuras de otro objeto con el fin de unirlos.

Gancho de aparejamiento: implemento de aparejamiento que se usa para sujetar una eslinga a una carga.

Gestión de riesgos: proceso de análisis de un área de trabajo y de la elevación antes de realizarla con el fin de predecir e identificar cualquier posible riesgo.

Grillete: dispositivo de acople que se usa en el aparato de aparejamiento pertinente para conectar el cable a los accesorios de ojal, ganchos u otros conectores.

Hilo de advertencia: componente de la eslinga que indica al aparejador si la eslinga ha sido demasiado dañada como para ser utilizada.

Indicador de daño: cordón sujeto a las hebras de una eslinga sin fin. Sobresale del forro. El indicador de daño se usa para determinar si una eslinga sin fin ha sido estirada o sobrecargada.

Pasacabo: sujeción de elevación estructural soldada.

Paso de un cable: distancia en longitud que cubre un alambre al dar una vuelta completa alrededor del alma.

Plano: superficie dentro de la cual se extiende íntegramente una línea recta que une dos puntos.

Polea: rueda de polea ranurada para cambiar la dirección de empuje de un cable; suele encontrarse en una grúa.

Polipasto: dispositivo que aplica fuerza mecánica para subir o bajar una carga.

Señales manuales de la ASME: señales de comunicación establecidas por la Sociedad Estadounidense de Ingenieros Mecánicos (ASME) que se usan para el desplazamiento de cargas con grúas móviles o de puente.

Tensión: intensidad de fuerza que ejerce una parte de un objeto sobre otra; la acción o las fuerzas sobre un objeto o sistema que producen cambios en su forma, tensión sobre él o la separación de sus partes.

Tensión de la carga: tracción o tensión que el peso de la carga suspendida aplica sobre el aparejamiento.

Tensión de la eslinga: cantidad total de fuerza que se ejerce sobre una eslinga. Esto incluye las fuerzas que se agregan a causa del ángulo de la eslinga.

Torón: grupo de alambres que envuelven o pasan alrededor de un alambre central, o alma. Los torones envuelven un alma de soporte y forman un cable.

Capacidades nominales

Nunca debe excederse la capacidad nominal de una eslinga. La capacidad nominal varía según el tipo de eslinga, el tamaño de la eslinga y el tipo de enganche. Los operadores de aparejamientos deben conocer la capacidad de la eslinga que están utilizando. Los fabricantes de eslingas suelen tener cuadros o tablas que contienen esta información. La *Figura A-1* muestra ejemplos de cuadros con las capacidades nominales de diversos tipos de eslingas.

CARGAS SEGURAS PARA EL TRABAJO MÁXIMAS - LIBRAS/KG
(Factor de seguridad = 5) No se aplica a eslingas de cadena.

	Enganche vertical simple	Enganche de estrangulación simple	Canasta simple (brazos verticales)	Enganche de brida de 2 brazos y canasta simple con brazos inclinados 60°	45°	30°
ESLINGAS DE CABLE Grupo de clasificación 6 x 19, acero mejorado, alma de fibra						
Diámetro del cable (pulgadas/cm) **Hay cables disponibles de hasta 2 3/4" (6,98 cm) de diámetro.**	Nota: Los valores de la tabla son para eslingas con ojales y guardacabos en ambos extremos, gazas de empalme con semi trenazado y mangas mecánicas. Ojales formados por ganchos de cable - reducen la carga en un 20%.					
3/15 (0,50)	600 (272,15)	600 (272,15)	450 / 204,11	1050 / 476,27	850 / 385,55	600 / 272,15
1/4 (0,63)	1100 (498,95)	1100 (498,95)	825 / 374,21	1900 / 861,82	1550 / 521,63	1100 / 498,95
5/16 (0,79)	1650 (748,42)	1650 (748,42)	1250 / 566,99	2850 / 1292,73	2350 / 1065,94	1650 / 748,42
3/8 (0,95)	2400 / 1088,62	2400 / 1088,62	1800 / 816,46	4150 / 1882,40	3400 / 1542,21	2400 / 1088,62
7/15 (1,18)	3200 / 1451,49	3200 / 1451,49	2400 / 1088,62	5550 / 2517,43	4500 / 2041,16	3200 / 1451,49
1/2 (1,27)	4400 / 1995,80	4400 / 1995,80	3300 / 1496,85	7600 / 3447,30	6200 / 2812,27	4400 / 1995,80
9/15 (1,52)	5300 / 2404,39	5300 / 2404,39	4000 / 1814,36	9200 / 4173,49	7500 / 3401,94	5300 / 2404,39
5/8 (1,58)	6600 / 2993,70	6600 / 2993,70	4950 / 2245,28	11400 / 5170,95	9350 / 4241,88	6600 / 2993,70
3/4 (1,90)	9500 / 4309,12	9500 / 4309,12	7100 / 3220,50	16500 / 7484,27	13400 / 6078,13	9500 / 4309,12
7/8 (2,22)	12800 / 5805,98	12800 / 5805,98	9600 / 4354,48	22200 / 10069,74	18100 / 8210,21	12800 / 5805,98
1 (2,54)	16700 / 7574,99	16700 / 7574,99	1500 / 680,38	28900 / 13108,81	23600 / 10704,77	16700 / 7574,99
ESLINGAS DE CADENA (ACERO DE ALEACIÓN)			Nota: La siguiente información se aplica al enganche de brida de 2 brazos y a la canasta simple con brazos inclinados para las eslingas de cable y de cadena.			
Ancho del alma (pulgadas/cm) **Hay almas disponibles de hasta 1 3/4" (4,44 cm) de ancho.**			**Si se usa con gancho de estrangulación, multiplique los valores que anteceden por 3/4.**		**Para canasta doble, multiplique los valores que anteceden por 3/4.**	
1/4 / 0,63	3250 / 1474,17	2440 / 1106,76	6500 / 2948,35	5600 / 2540,17	4600 / 2096,52	3250 / 1474,17
3/8 / 0,95	6600 / 2993,70	4950 / 2245,28	13200 / 5987,41	11400 / 5170,95	9300 / 4218,40	6600 / 2993,70
1/2 / 1,27	11250 / 5102,91	8400 / 3810,17	22500 / 10205,82	19500 / 8845,50	15900 / 7212,11	11250 / 5102,91
5/8 / 1,58	16500 / 7484,27	12400 / 5624,54	33000 / 14968,57	28600 / 12972,74	23300 / 10568,70	16500 / 7484,27
3/4 / 1,90	23000 / 10432,62	17200 / 7801,78	46000 / 20865,24	39800 / 18052,97	32500 / 14741,75	23000 / 10432,62
7/8 / 2,22	28750 / 13040,77	21500 / 9752,23	57500 / 26081,55	49800 / 22588,89	40600 / 18415,84	28750 / 13040,77
1 / > 2,54	38750 / 17576,70	29000 / 13154,17	77500 / 35153,40	67100 / 30436,45	54800 / 24856,85	38750 / 17576,70
ESLINGAS DE SOGA DE POLIPROPILENO Ojales empalmados en ambos extremos						
Diámetro de la soga (pulgadas/cm) **Hay sogas disponibles de hasta 2 5/8" (6,66 cm) de diámetro.**						
3/16 / 0,47	150 / 68,38	110 / 49,89	300 / 136,77	260 / 117,93	210 / 95,25	150 / 68,38
1/4 / 0,63	250 / 113,39	190 / 46,18	500 / 226,79	430 / 195,44	350 / 158,75	250 / 113,39
5/16 / 0,79	400 / 181,43	300 / 136,77	800 / 362,87	700 / 317,51	560 / 254,11	400 / 181,43
3/8 / 0,95	500 / 226,79	375 / 170,97	1000 / 453,59	860 / 390,89	700 / 317,51	500 / 226,79
1/2 / 1,27	830 / 376,48	620 / 281,22	1660 / 752,96	1400 / 635,29	1200 / 544,31	830 / 376,48
9/16 / 1,42	960 / 435,44	720 / 326,58	1920 / 870,89	1700 / 771,10	1350 / 612,34	960 / 435,44
5/8 / 1,58	1300 / 589,67	975 / 442,25	2600 / 1179,34	2250 / 1020,58	1800 / 816,46	1300 / 589,67
3/4 / 1,90	1700 / 771,10	1275 / 578,33	3400 / 1542,21	2900 / 1315,41	2400 / 1088,62	1700 / 771,10
13/16 / 2,06	1900 / 861,82	1425 / 646,36	3800 / 1723,65	3300 / 1496,85	2700 / 1224,69	1900 / 861,82
7/8 / 2,22	2200 / 997,90	1650 / 748,42	4400 / 1995,80	3800 / 1723,65	3100 / 1406,13	2200 / 997,90
1 / 2,54	2900 / 1315,41	2175 / 986,56	5800 / 2630,83	5000 / 2267,96	4100 / 1859,72	2900 / 1315,41

106A01.EPS

Figura A-1 Capacidades nominales.

Ángulos de las eslingas

La cantidad de tensión de la eslinga se ve directamente afectada por su ángulo. La *Figura A-2* muestra el efecto de los ángulos de eslinga al colocar la carga en ella. Para determinar qué carga hay realmente en la eslinga, se usa una tabla de factores (*Figura A-3*).

En la *Figura A-2*, se utilizan dos eslingas para levantar 2.000 libras (907,18 kg). Cuando las eslingas están a un ángulo de 45 grados, cada eslinga soporta 1.414 libras (641,38 kg) de tensión. Esto se puede determinar matemáticamente utilizando la siguiente ecuación:

$$\text{Tensión de la eslinga} = \frac{\text{Carga} \times \text{Factor de ángulo de carga}}{\text{Cantidad de brazos}}$$

Entonces:

$$\text{Tensión de la eslinga} = \frac{2{,}000 \times 1{,}414}{2}$$

$$\text{Tensión de la eslinga} = \frac{2{,}828}{2}$$

$$\text{Tensión de la eslinga} = 1{,}414$$

Tome el peso de la carga [2.000 libras (907,18 kg)] y multiplíquelo por el factor del ángulo correspondiente en la *Figura A-3*. Luego, divídalo por la cantidad de eslingas (2). El resultado es 1.414 libras (641,37 kg) de tensión en cada eslinga.

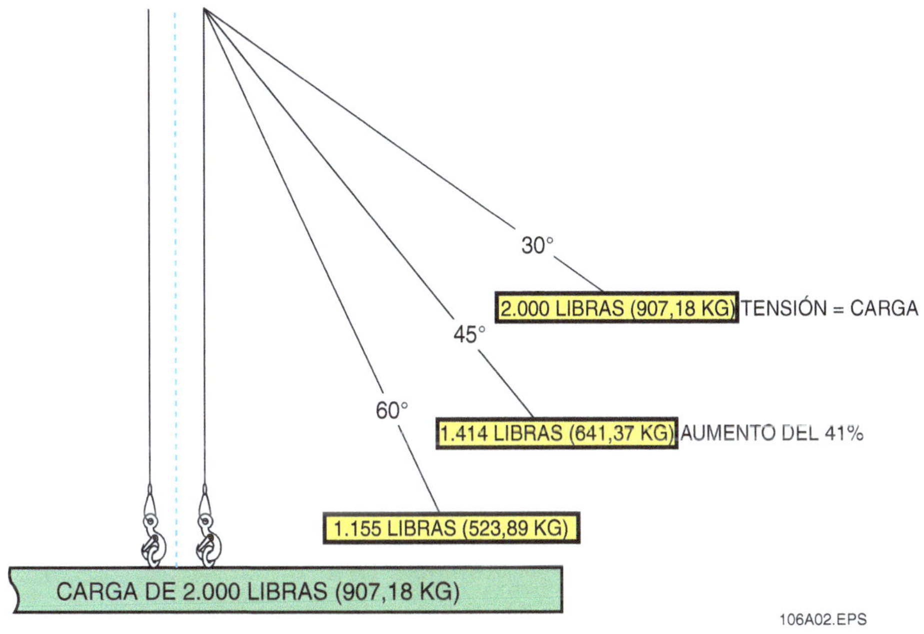

Figura A-2 Ángulos de eslinga.

ÁNGULO DE LA ESLINGA	FACTOR DE ÁNGULO DE LA CARGA
30°	2,000
35°	1,742
40°	1,555
45°	1,414
50°	1,305
55°	1,221
60°	1,155
65°	1,104
70°	1,064
75°	1,035
80°	1,015
85°	1,004
90°	1,000

Figura A-3 Tabla de factores.

Recursos adicionales

Este módulo presenta recursos detallados para el entrenamiento en las tareas. Los siguientes materiales de referencia se sugieren para más estudio.

Bob's Rigging and Crane Handbook (Manual de grúas y aparejamiento de Bob), última edición. Bob DeBenedictis. Leawood, KS: Pellow Engineering Services, Inc.

High Performance Slings and Fittings for the New Millennium (Eslingas y accesorios de alto rendimiento para el nuevo milenio), edición 1999. Dennis St. Germain. Aston, PA: I & I Sling, Inc.

Mobile Crane Manual (Manual de grúas móviles), 1999. Donald E. Dickie, D. H. Campbell. Toronto, Ontario, Canadá: Construction Safety Association of Ontario.

Rigging Manual (Manual de aparejamientos), 1997. Toronto, Ontario, Canadá: Construction Safety Association of Ontario.

Créditos de las figuras

North American Industries, Inc., Figura 1

Mammoet USA, Inc., Figuras 2A, 2B y SA01

Lift-It Manufacturing Co., Inc., Figuras 4 y 12-15

Lift-All Company, Inc., Figuras 5-7, 8A-8C, 9A, 9B, 10, 11, 16C, 16I, 16M, 22 y 25A-25E

The Crosby Group, Inc., abridor del módulo, Figuras 17, 20A-20C, 36A-36F, 37, 38, 39A-39C, 48A-48D, 54, 58, 60 (arriba) y SA04

J.C. Renfroe & Sons, Inc., Figuras 45 y 46A-46C

Gunnebo Johnson Corporation, Figuras 48E y 48F

JET Brand of WMH Tool Group, Figuras 55A-55C, SA02A y SA02B

Columbus McKinnon Corporation, Figura 56

Coffing Hoists, Figura 57

CURRÍCULO DE NCCER - COMENTARIOS DEL USUARIO

NCCER hace el esfuerzo de mantener estos libros de texto actualizados y libres de errores técnicos. Apreciamos su ayuda en este proceso. Si encuentra algún error, ya sea tipográfico o de contenido, en el currículo de NCCER, haga el favor de completar este formulario (o una fotocopia de él) o el formulario en línea en **www.nccer.org/olf**. Asegúrese de incluir el número exacto del módulo, la página, una descripción detallada y la corrección recomendada. Su comentario será puesto en conocimiento del comité técnico de revisión. Gracias por su ayuda.

Instructores: si tiene una idea para mejorar este libro de texto o encontró que algún material adicional es necesario para enseñar este módulo con eficacia, por favor háganoslo saber para que podamos presentar sus sugerencias al comité técnico de revisión.

NCCER Product Development and Revision

13614 Progress Blvd., Alachua, FL 32615

Correo electrónico: curriculum@nccer.org

En internet: www.nccer.org/olf

❑ Guía de aprendizaje ❑ AIG ❑ Examen ❑ PowerPoints Otro ____________________

Oficio / nivel Fecha de copyright:

Número/título del módulo:

Número(s) de sección:

Descripción:

Corrección recomendada:

Su nombre:

Dirección:

Correo electrónico: Teléfono:

Equipos de aparejamiento

ES38101-11

Los estudiantes que hayan finalizado los módulos con éxito cumplen con los requisitos para la acreditación mediante el Registro nacional de NCCER. Para obtener más información, visite **www.nccer.org** o comuníquese con nosotros al **1.888.622.3720**. Nuestro sitio web cuenta con información sobre los lanzamientos de productos y capacitaciones más recientes, así como versiones en línea de nuestro boletín informativo *Cornerstone* y el catálogo de productos de NCCER de Pearson.

Nos interesa recibir sus comentarios. Puede enviarlos a **curriculum@nccer.org**, enviar consultas y comentarios generales a **info@nccer.org** o utilizar el formulario de Actualización de usuario en la parte trasera de este módulo.

EQUIPOS DE APAREJAMIENTO

Objetivos

Cuando haya completado este módulo, el alumno podrá hacer lo siguiente:

1. Identificar y describir los usos de los implementos y equipos de aparejamiento comunes.
2. Realizar una inspección de seguridad a ganchos, eslingas y demás equipos de aparejamiento.
3. Describir las eslingas comunes y determinar las capacidades y los ángulos de las eslingas.
4. Seleccionar, inspeccionar, utilizar y mantener los equipos de aparejamiento especiales, incluidos:
   - aparejo de poleas (aparejamiento de cabeza ancha);
   - polipastos de cadena;
   - polipastos con palanca de trinquete;
   - gatos;
   - plataformas de elevación con tambor montadas en la base (remolcadores).
5. Inspeccionar los equipos de aparejamiento de elementos pesados.
6. Atar los nudos que se utilizan en el aparejamiento.

Tareas de desempeño

Bajo la supervisión del instructor, deberá ser capaz de hacer lo siguiente:

1. Realizar una inspección de seguridad a ganchos, eslingas y demás equipos de aparejamiento.
2. Seleccionar, inspeccionar y utilizar aparejos especiales, incluidos:
- aparejo de poleas (aparejamiento de cabeza ancha);
- polipastos de cadena;
- polipastos con palanca de trinquete;
- gatos;
- plataformas de elevación con tambor montadas en la base (remolcadores).

3. Atar los nudos que se utilizan en el aparejamiento.

Términos clave del oficio

Ángulo de la eslinga
Bloque fijo
Cable para transportar
Deformaciones
Jaula
Hidráulico
Ligar
Partes del cable
Viga niveladora

Índice

Los temas que vamos a presentar en este módulo comprenden:

Figuras y tablas

1.0.0 Introducción

El aparejamiento es el movimiento planificado de un objeto de un lugar a otro (*Figura 1*). No obstante, el aparejamiento no se aplica al funcionamiento real de una grúa. También puede incluir el movimiento de un objeto de una posición a otra o atar un objeto. Por ejemplo, usualmente las herramientas y los equipos deben levantarse varios pisos para poder colocarlos donde es necesario. Esta operación de traslado se debe hacer de manera segura y efectiva.

El aparejador y el operador de la grúa colaboran para preparar una elevación. El aparejador debe asegurarse de que el operador de la grúa comprenda qué es lo que se debe elevar, cuánto pesa y las complejidades involucradas en la elevación. Al mismo tiempo, el aparejador debe estar al tanto de las capacidades y las limitaciones de la grúa a fin de asegurar que ésta puede hacer la elevación de manera segura. Como equipo, el aparejador y el operador de la grúa deben examinar el área de la elevación para verificar si hay peligros de seguridad potenciales, como líneas de alta tensión y estructuras, así como cualquier riesgo para los trabajadores que se encuentren cerca. Este módulo analiza los implementos, los equipos y la información de procedimiento utilizados en las elevaciones.

38101-11_F01.EPS

Figura 1 Aplicación del aparejamiento.

2.0.0 Implementos de aparejamiento

Los implementos utilizados en el aparejamiento incluyen ganchos, grilletes, cáncamos, vigas separadoras y **niveladoras** y bloques. Estos implementos deben cotejarse cuidadosamente con la capacidad de elevación la grúa o del polipasto y de las eslingas utilizados en cada aplicación. Si se combinan piezas con límites de cargas para trabajar (WLL, por sus siglas en inglés) diferentes, se hace difícil determinar si la elevación será segura. La inspección minuciosa y el mantenimiento de todos los implementos de elevación son fundamentales para la operación continua. De acuerdo con la norma ASME B30.26, los implementos deben inspeccionarse diariamente antes de cada uso.

ADVERTENCIA

Los ganchos de aparejamiento deben estar marcados o etiquetados correctamente con las calificaciones del fabricante y la información sobre la aplicación. Si un gancho no está correctamente marcado, no lo use. Además, nunca deben modificarse los implementos del equipo de aparejamiento porque las modificaciones podrían afectar su capacidad.

2.1.0 Ganchos

Un gancho de aparejamiento puede servir para sujetarse a una eslinga o una carga. Hay seis tipos básicos de ganchos de aparejamiento, siendo el gancho de ojal el más usado. Los ganchos de aparejamiento están equipados con pestillos para evitar que la eslinga sujeta se suelte del gancho cuando ésta se afloja. La capacidad de un gancho de aparejamiento, en toneladas, se determina según su tamaño, dimensiones físicas y tipos de material. La información sobre la capacidad de un gancho específico puede obtenerse fácilmente solicitándola al fabricante del gancho.

El WLL del gancho es preciso solo cuando la eslinga se encuentra en la copa del gancho (*Figura 2*). Si la carga de trabajo se aplica fuera de la copa, el WLL se reduce considerablemente. Algunos fabricantes no permiten que sus ganchos se utilicen en ninguna otra posición.

Siempre inspeccione los ganchos antes de usarlos. Busque signos de desgaste en el asiento del gancho. También busque grietas, corrosión severa y torceduras en el cuerpo del gancho. El pestillo de seguridad debe estar en buenas condiciones. Mida la abertura del cuello del gancho; si un gancho ha sido sobrecargado o si está empezando a debilitarse, el cuello se abre. Los criterios de extracción previstos en ASME B30.10 requieren el reemplazo del gancho ante alguna de las siguientes condiciones:

- desgaste del 10 %;
- distorsión que causa un aumento en la abertura del cuello del 5 %;
- deformación (cualquier doblez o giro visible desde el plano del gancho sin doblar);

La Figura 3 muestra la ubicación de los puntos de inspección de un gancho.

Nunca use un ojal de eslinga en un gancho que tenga el diámetro del cuerpo más grande que la mitad del largo del ojal de eslinga. Nunca fuerce el ojal en el gancho. Siempre use un ojal de eslinga con al menos el diámetro nominal del gancho.

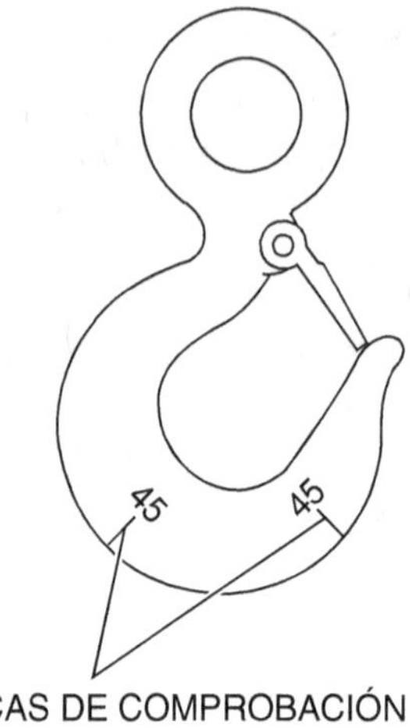

Figura 2 Gancho de aparejamiento con marcas de ángulo.

2.2.0 Grilletes

Un grillete se usa para sujetar una pieza a una carga o para sujetar las eslingas entre sí. Se puede usar para sujetar el extremo de un cable a un accesorio de ojal, gancho u otro tipo de conector. Los grilletes se fabrican en diversas configuraciones (*Figura 4*).

Los grilletes que se usan para maniobras aéreas de elevación de objetos generalmente están hechos de acero de aleación forjado. Se clasifican según el diámetro del acero en la sección del arco, en lugar del tamaño del pasador. Cuando use grilletes, asegúrese de que todos los pasadores estén derechos, de que todos los pasadores roscados estén bien colocados y de que se usen pasadores de chaveta con todos los grilletes con pasador redondo. No se debe usar un grillete con una carga superior a su carga nominal.

Un pasador de grillete nunca debe reemplazarse con un perno. Los pernos no pueden resistir la fuerza de flexión normalmente aplicada a un pasador. Los grilletes que están dañados o excesivamente gastados deben reemplazarse. Los siguientes criterios de extracción se especifican en la norma ASME para el funcionamiento cuando son aprobados por una persona calificada:

- faltan o no se pueden leer la marca registrada o nombre del fabricante o la identificación de carga nominal;
- indicios de daño por el calor, incluidas salpicaduras de soldadura o golpes de arco;
- marcas o corrosión excesivas;
- dobleces, torceduras, distorsión, estiramiento, elongación;
- quebradura o rotura de los componentes que soportan la carga;
- muescas o estrías excesivas;

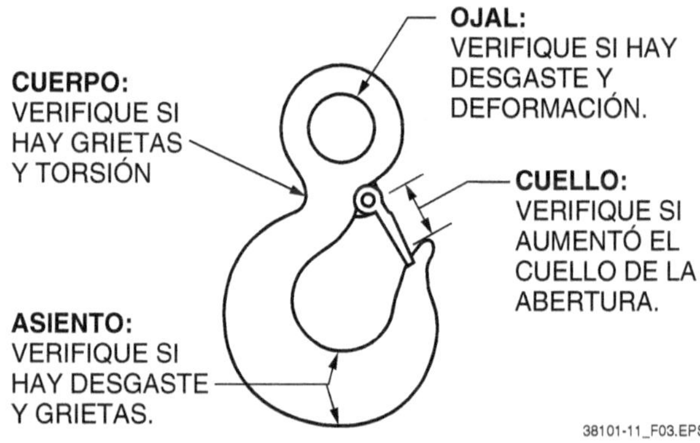

Figura 3 Puntos de inspección de un gancho de aparejamiento.

- reducción del 10 % de la dimensión original o de catálogo en cualquier punto alrededor del cuerpo o pasador;
- acoplamiento del pasador incompleto;
- daños excesivos en las roscas;
- evidencia de soldadura no autorizada;
- otras condiciones, incluido daño visible, que produzcan dudas sobre el uso continuo del grillete.

Si la tracción se aplica a un grillete en ángulo, la capacidad se reduce. Use espaciadores para centrar la carga que se levanta en el pasador. Solamente los grilletes con cargas nominales apropiadas pueden usarse para la elevación. Cuando use un grillete en un gancho, el pasador del grillete debe colgarse del gancho. Pueden usarse espaciadores en el pasador para que el grillete cuelgue de manera equilibrada del gancho (*Figura 5*). Nunca use un grillete con pasador roscado en una situación en la que el pasador pueda girar cuando esté bajo carga, como se muestra en la *Figura 6*.

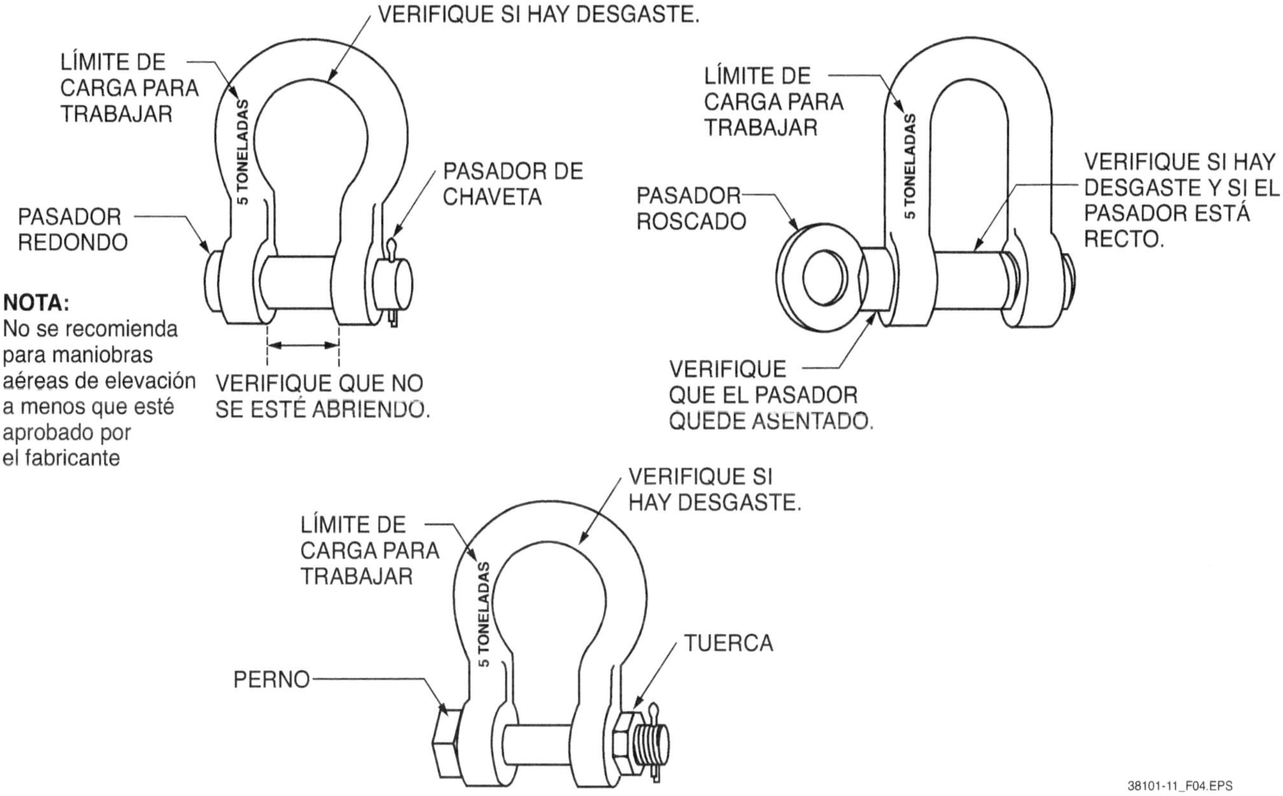

Figura 4 Grillete con pasador redondo y pasador roscado.

> **NOTA**
>
> Los grilletes no deben cargarse en ángulo o lateralmente a menos que lo apruebe el fabricante. Comuníquese con el fabricante para obtener información sobre la carga en ángulo.

2.3.0 Cáncamos

Usualmente, los fabricantes adosan cáncamos (*Figura 7*) a las cargas pesadas para ayudar a elevar la carga. Un tipo de cáncamo, llamado cáncamo de argolla, está equipado con un aro de elevación móvil adicional. Los cáncamos y los cáncamos de argolla pueden ser con o sin tope. El cáncamo con tope se recomienda para aplicaciones de elevación porque se puede usar con tracción de elevación en ángulo, mientras que el cáncamo sin tope está solamente diseñado para elevar cargas verticalmente. El WLL de los cáncamos y los cáncamos de argolla con tope se reduce con la carga angular. Las cargas siempre deben aplicarse sobre el plano del ojal para reducir la curvatura. Este procedimiento es particularmente importante cuando se usan eslingas de brida.

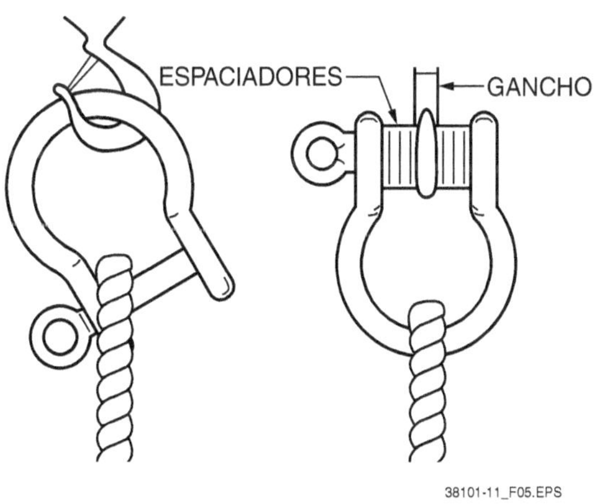

Figura 5 Espaciadores usados con un grillete para que cuelgue de manera equilibrada.

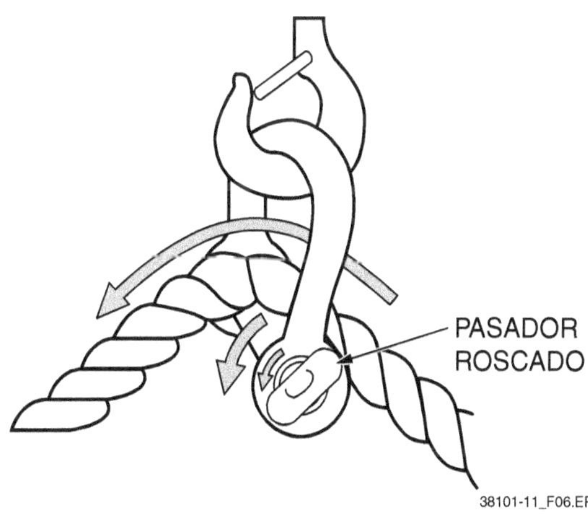

Figura 6 Ejemplo de cómo una soga puede hacer que el pasador roscado de un grillete gire bajo carga.

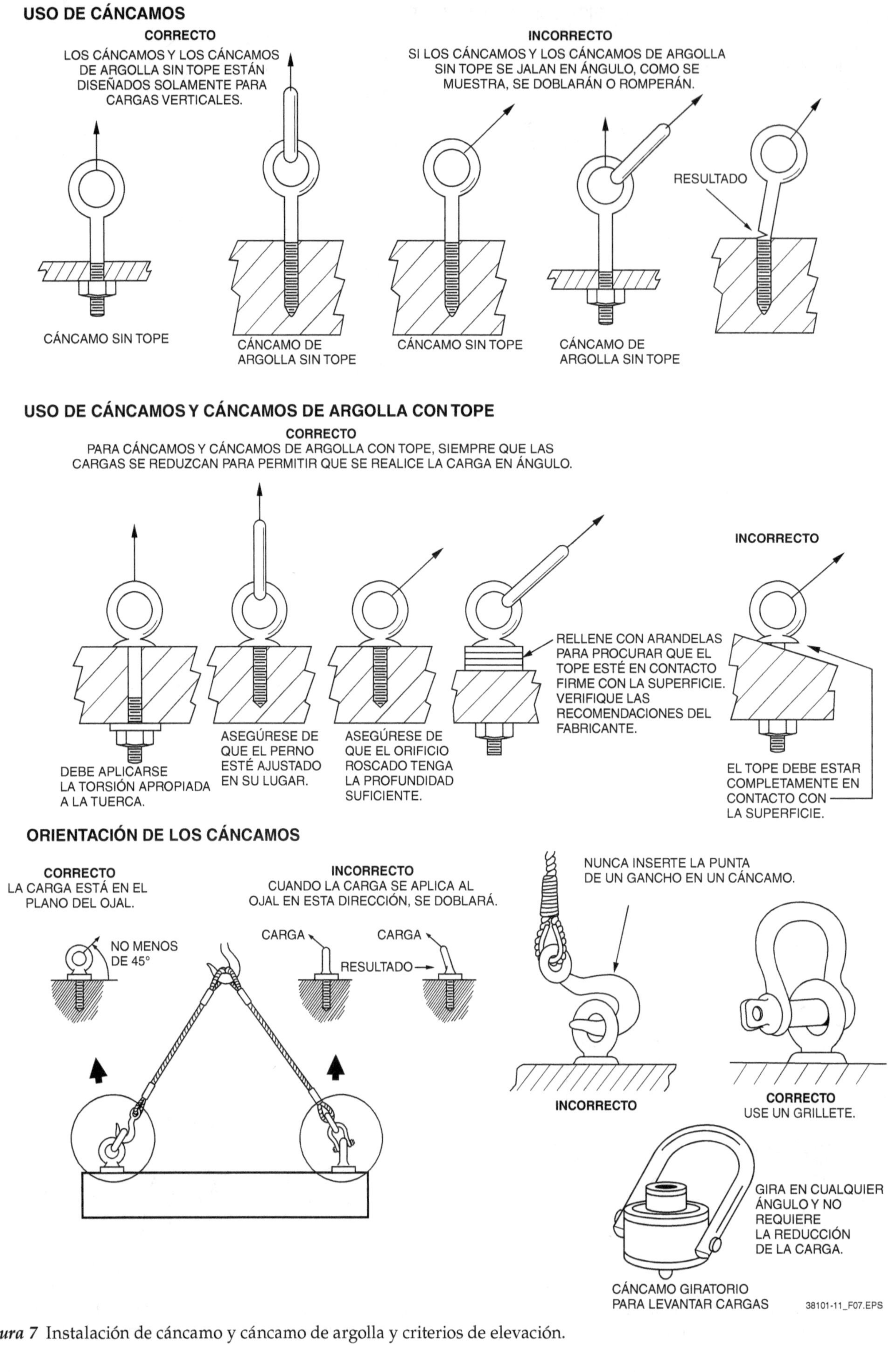

Figura 7 Instalación de cáncamo y cáncamo de argolla y criterios de elevación.

Cuando se instala, el tope del cáncamo debe formar ángulos rectos respecto del eje del ojal y todo el tope debe estar en contacto con la superficie de trabajo cuando las tuercas se ajustan apropiadamente. Pueden usarse arandelas u otros espaciadores apropiados para asegurar que los topes tengan un contacto firme con la superficie de trabajo. Los orificios roscados que se usan con cáncamos atornillados deben tener una profundidad mínima de una vez y media el diámetro del perno. Pueden instalarse cáncamos giratorios en lugar de cáncamos fijos. Estos dispositivos giran hasta la posición de elevación deseada y no requieren ninguna reducción de la carga nominal. Siempre consulte las recomendaciones del fabricante en cuanto al uso de los cáncamos.

2.4.0 Agarraderas de elevación

Comúnmente, el fabricante suelda, atornilla o sujeta con un pasador el objeto que se elevará a agarraderas de elevación (*Figura 8*). Éstas se diseñan y ubican para equilibrar la carga y sostenerla en forma segura. Las agarraderas de elevación solamente se pueden usar para elevación vertical recta, a menos que estén específicamente diseñadas para cargas angulares.

Las agarraderas de elevación deben inspeccionarse antes de cada uso para ver si están deformadas o presentan grietas, corrosión o soldaduras defectuosas. Si se observa alguna de estas condiciones, las debe sacar de servicio.

2.5.0 Tensores

Los tensores están disponibles en diversos tamaños. Se usan para ajustar la longitud de las conexiones para aparejamiento. Tres tipos comunes de tensores son los de extremos en ojal, horquilla y gancho (*Figura 9*). Se pueden usar en cualquier combinación. El WLL para los tensores se basa en el diámetro de las varillas roscadas y se puede encontrar en el catálogo del fabricante. El WLL de los tensores con extremos de gancho es menor que el de tensores del mismo tamaño con otros tipos de extremos.

Considere lo siguiente cuando seleccione tensores para el aparejamiento:

- Los tensores deben estar fabricados de acero de aleación y no deben estar soldados.
- Cuando utilice tensores con eslingas de múltiples brazos, no use más de un tensor por brazo.
- No use contratuercas en tensores que no vengan equipados con ellas.
- Los tensores no se deben ajustar en exceso. No use un alargador para ajustarlos. Ajústelos con una llave del tamaño adecuado y aplique la misma fuerza que podría aplicarse a mano.
- Los tensores no deben utilizarse para maniobras aéreas de elevación a menos que ello esté permitido por el fabricante.
- Cuando los extremos del tensor están atornillados, la cabeza del perno debe estar en la parte superior como se muestra en la doble horquilla, en la *Figura 9.*

Los tensores deben inspeccionarse como se muestra en la *Figura 10*. Si se daña un tensor, sáquelo de servicio.

2.6.0 Abrazaderas de viga

Las abrazaderas de viga (*Figura 11*) se usan para conectar dispositivos de elevación a las vigas de manera que las vigas puedan ser levantadas y colocadas en su lugar. A continuación encontrará las pautas para usar las abrazaderas de viga:

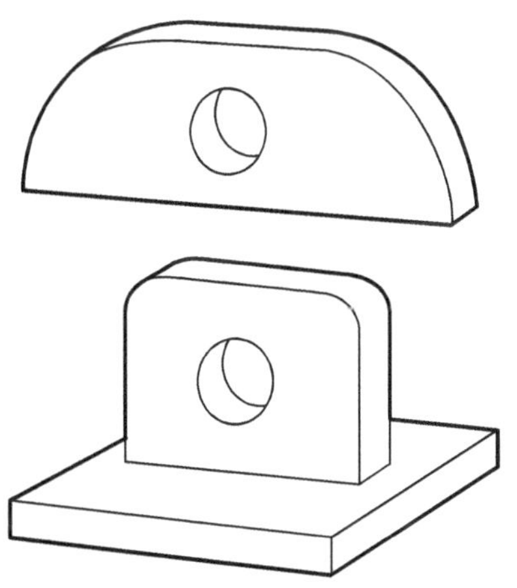

Figura 8 Dos tipos de agarraderas de elevación.

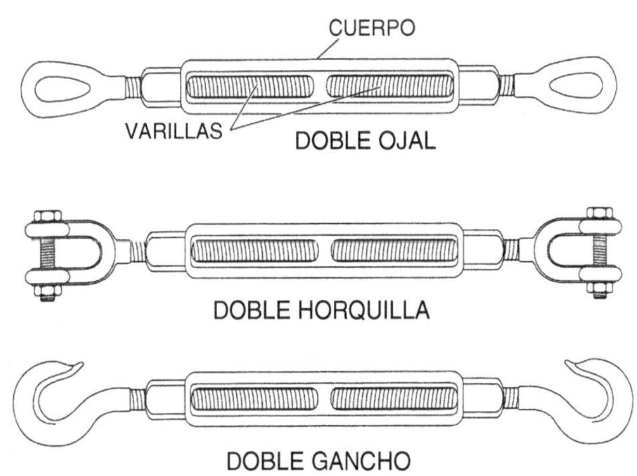

Figura 9 Tensores.

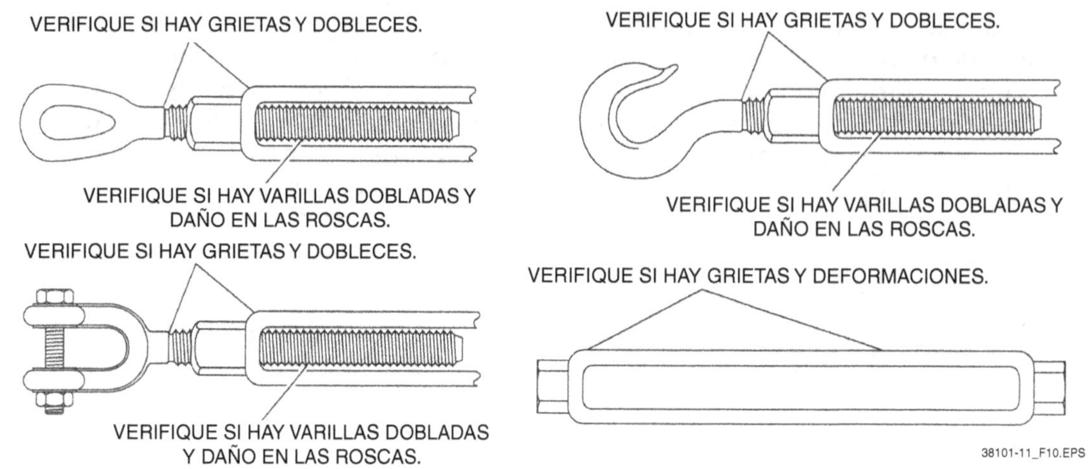

Figura 10 Punto de inspección del tensor.

- No use abrazaderas caseras a menos que un ingeniero haya hecho el diseño, haya probado la carga y las haya marcado.
- Asegúrese de que la abrazadera se ajuste a la viga y que tenga la capacidad correcta.
- Asegúrese de que las abrazaderas de viga estén sujetas a la viga de forma segura.
- Tenga precaución al usar abrazaderas de viga cuando se hagan elevaciones en ángulo. La mayoría de las abrazaderas de viga están diseñadas para elevación vertical fundamentalmente recta solamente. No obstante, algunos fabricantes permiten que se usen dos abrazaderas con una eslinga de brida larga si el ángulo de elevación no supera los 25 grados con respecto a la línea vertical.
- Verifique que la capacidad figure en la abrazadera de viga.
- Sujete el aparejamiento a la abrazadera de viga mediante un grillete.
- No coloque un gancho de elevación directamente en el ojal de elevación de la abrazadera de viga.
- Nunca sobrecargue una abrazadera de viga más allá de su capacidad nominal.

Las abrazaderas de viga deben inspeccionarse antes de cada uso y sacarse de servicio si se observa alguno de los siguientes problemas:

- Las mordazas de la abrazadera de viga muestran signos de deformación.
- El ojal de elevación está doblado o alargado.
- El ojal de elevación está desgastado.
- No se puede leer la capacidad ni el tamaño de la viga.

2.7.0 Abrazaderas para planchuelas

Las abrazaderas para planchuelas (*Figura 12*) se fijan a planchuelas de acero estructural para facilitar la sujeción del aparejamiento y el manejo de la planchuela. Hay dos tipos básicos de abrazaderas para planchuelas: el tipo de mordaza dentada y el tipo roscado.

Las abrazaderas dentadas están diseñadas para sujetar una sola planchuela para elevarla y están disponibles con un dispositivo de traba. Las abrazaderas roscadas se consideran las más seguras. Se basan en la acción de sujeción de un tornillo contra la planchuela para asegurarla. Las abrazaderas dentadas se usan para elevaciones verticales, mientras que las roscadas se pueden usar desde una posición horizontal hasta los 180 grados. Las abrazaderas para planchuelas están diseñadas para elevar una planchuela a la vez solamente. Siempre siga las recomendaciones del fabricante para el uso y para el WLL.

Saque de servicio las abrazaderas para planchuelas si observa alguna de las siguientes condiciones durante la inspección:

- cambios en la apertura de la placa de mordaza o desgaste de los dientes de leva;

Figura 11 Aplicación típica de la abrazadera de viga.

Figura 12 Abrazadera de elevación estándar.

- grietas en el cuerpo;
- remaches sueltos o dañados;
- ojal de elevación desgastado, doblado o alargado;
- óxido o corrosión excesivos;
- capacidad ilegible.

2.8.0 Planchuelas y eslabones de aparejamiento

Las planchuelas y los eslabones de aparejamiento (*Figura 13*) están fabricados para usos específicos. Los orificios en las planchuelas o los eslabones pueden ser de diversos tamaños y pueden colocarse en ubicaciones diferentes en las planchuelas para los distintos pesos y tipos de elevación. Las planchuelas con dos orificios se llaman eslabones de aparejamiento. Las planchuelas con tres o más orificios se llaman planchuelas niveladoras. Las planchuelas niveladoras pueden usarse para nivelar cargas cuando los brazos de una eslinga no son iguales. Las planchuelas se sujetan a los equipos de aparejamiento con pasadores o pernos de alta resistencia.

Inspeccione las planchuelas y los eslabones de aparejamiento y sáquelos de servicio si observa alguna de las siguientes condiciones:

- grietas en el cuerpo;
- ojal de elevación desgastado o alargado;
- óxido o corrosión excesivos;

2.9.0 Vigas separadoras y vigas niveladoras

Las vigas separadoras (*Figura 14*) se usan para soportar cargas prolongadas durante operaciones de elevación. Si se usan correctamente, ayudan a eliminar el peligro de que la carga se incline, se deslice o se tuerza. Reducen los **ángulos de la eslinga** bajos y la tendencia de las eslingas a aplastar las cargas. Las vigas niveladoras se usan para equilibrar la carga en los brazos de la eslinga y para mantener cargas iguales en líneas de elevación dobles cuando se hacen elevaciones de a dos.

Comúnmente, ambos tipos de vigas se fabrican para adaptarse a una aplicación especial. A menudo se fabrican con tubos reforzados, vigas en I u otro material apropiado. Las vigas separadoras o niveladoras fabricadas a pedido deben estar diseñadas por un ingeniero y deben tener la capacidad claramente estampada en el lateral. Deben probarse al menos al 125 % de su capacidad nominal. La información sobre las vigas debe conservarse en un archivo. La capacidad de las vigas diseñadas para su uso con múltiples puntos de unión depende de la distancia entre los puntos de unión.

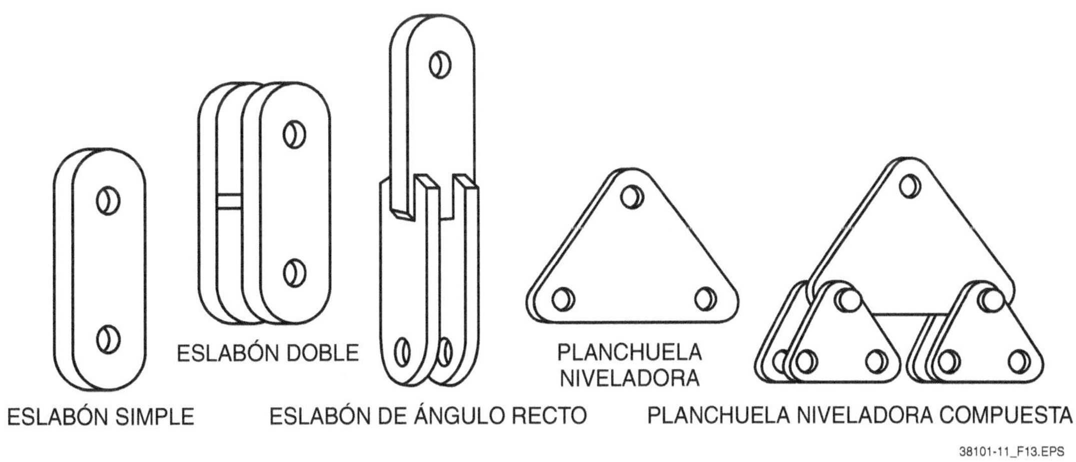

Figura 13 Planchuelas y eslabones de aparejamiento.

38101-11_F14.EPS

Figura 14 Uso típico de una viga separadora.

Antes de usar una viga separadora o niveladora, es necesario inspeccionarla para verificar lo siguiente:

- soldaduras sólidas;
- que no hayan grietas, muescas, estrías o corrosión;
- el estado de los puntos de unión;
- la capacidad nominal;
- la tensión del ángulo de la eslinga en los puntos de unión.

3.0.0 Eslingas

Los tipos de eslinga comunes incluyen las eslingas de cable, las eslingas sintéticas, las eslingas de cadena y las eslingas de malla metálica. Las eslingas de cable y las eslingas sintéticas se trataron en Aparejamiento básico. Las eslingas de malla metálica (*Figura 15*) se fabrican típicamente con malla metálica o malla de cadena. Son similares en aspecto a las eslingas de red y son apropiadas para las situaciones en las que las cargas son abrasivas, están calientes o tienden a cortar otros tipos de eslingas. Resisten la abrasión y los cortes, sujetan la carga firmemente sin estirarse y pueden soportar temperaturas de hasta 550 °F (288 °C). Además, son suaves, se adaptan a formas irregulares, no se deforman ni enredan y resisten la corrosión. Estas eslingas están disponibles en diversos tamaños de malla y pueden estar recubiertas con diversos materiales, como caucho o plástico, para ayudar a proteger la carga que se está manejando.

3.1.0 Capacidad de la eslinga

Las capacidades de la eslinga dependen de su material, de la fabricación, del tamaño de la con-

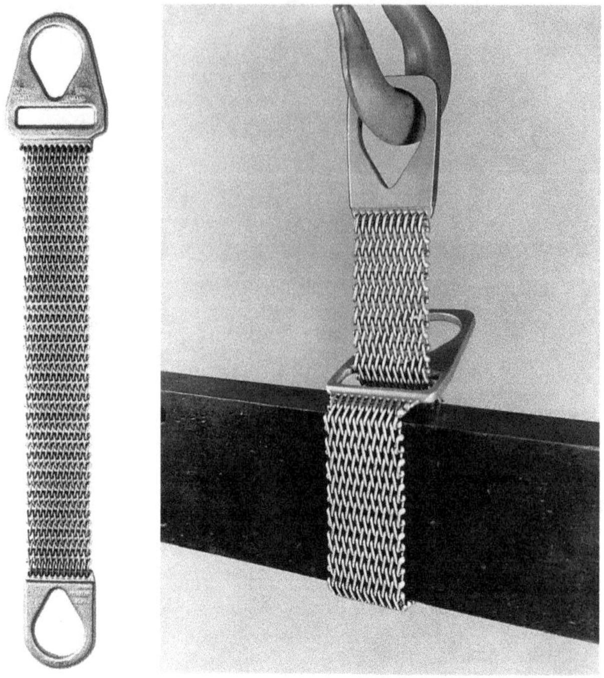

38101-11_F15.EPS

Figura 15 Eslinga de malla metálica.

figuración del enganche, de la cantidad y del ángulo del tipo específico de eslinga que se utilice. La cantidad de tensión en la eslinga se ve directamente afectada por el ángulo de la eslinga (*Figura 16*). Por este motivo, los ángulos de eslinga correctos son fundamentales para un aparejamiento seguro. Esta información, junto con la demás información sobre aparejamientos pertinente, puede solicitarse a los fabricantes de equipos de aparejamiento y a las organizaciones del oficio de aparejamientos en forma de guías de bolsillo fáciles de usar como las que se muestran en la *Figura 17*. Información sobre la capacidad de las eslingas también se proporciona en la norma ASME B30.9 titulada Eslingas. La *Tabla 1* muestra un ejemplo de una tabla típica de capacidades que se utiliza con las eslingas de cable.

La relación D/d se aplica a las eslingas de cable. Se refiere a la relación entre el diámetro de la superficie (D) alrededor de la cual está la eslinga y el diámetro de la eslinga (d). Esta relación, específicamente la intensidad de las curvaturas en la eslinga, afecta la capacidad de la eslinga. Se han desarrollado gráficos de eficiencia para ayudar a determinar la capacidad real de la eslinga. La *Figura 18* muestra ejemplos de carga y diámetro del gancho y un gráfico de la relación D/d.

Por ejemplo, imagine una eslinga de cable de 1" (2,54 cm) de diámetro en un enganche de canasta alrededor de un pasador de grillete de 2" (5,08 cm). La capacidad de la eslinga en el enganche de canasta figura como 17 toneladas. Busque, en la

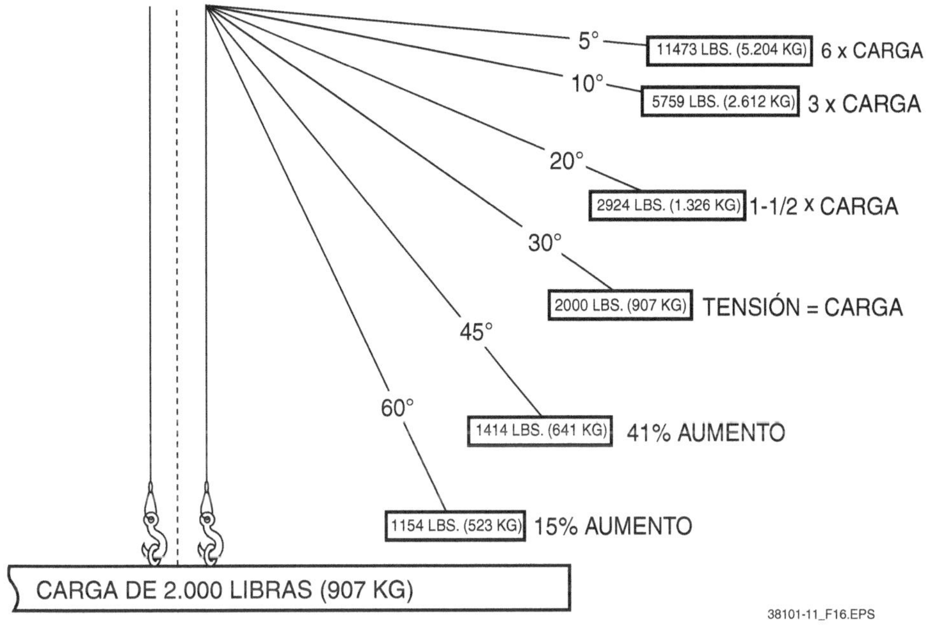

Figura 16 Ángulos de la eslinga.

parte inferior del gráfico, el tamaño del pasador de 2" (5,08 cm) y encuentre la línea que coincida con la curva de la relación. Está frente a eficiencia del 65 %. Multiplique la carga nominal de 17 toneladas por 65 % y obtendrá una capacidad real de 11 toneladas. Los ojales de eslinga con tamaños de pasador o de cuerpo que sean al menos iguales al diámetro del cable deben usarse con grilletes y ganchos. Siempre consulte la etiqueta cuando seleccione una eslinga de cable.

3.2.0 Cuidado y almacenamiento de las eslingas

A continuación hay unos recordatorios importantes para la inspección, el cuidado y el almacenamiento de las eslingas:

- Almacene las eslingas en un bastidor para que no estén en contacto con el suelo. El bastidor debe estar en un área sin humedad y lejos de ácidos o vapores ácidos y calor excesivo.
- Nunca deje que las eslingas estén en el suelo en áreas donde maquinaria pesada podría pasarles por encima.
- Es necesario inspeccionar las eslingas antes de cada uso para ver si hay alambres rotos, deformaciones, óxido o accesorios dañados. Si se encuentra alguna eslinga defectuosa, debe destruirse.

3.2.1 Eslingas de cable

Las eslingas de cable deben descartarse si se descubre alguna de las siguientes condiciones:

- *Alambres rotos:* deseche una eslinga de cable si encuentra diez alambres rotos distribuidos al azar en un paso de un cable o cinco alambres rotos en un torón de un paso de un cable.
- *Reducción del diámetro:* es normal que haya un poco de desgaste, pero si éste excede un tercio del diámetro original del cable, la eslinga debe descartarse. Este tipo de desgaste usualmente es causado por abrasión excesiva de los alambres exteriores, pérdida de soporte del alma, corrosión interna o externa, rotura de un alambre interno, paso de un cable flojo o estiramiento debido a sobrecarga.
- *Daño por calor:* usualmente se indica por la decoloración y las marcas asociadas con fuentes de alta temperatura.
- *Corrosión:* cualquier signo de óxido, marca o decoloración indica corrosión en el cable o en los accesorios de extremidad. La corrosión alrededor de los accesorios de extremidad se asocia típicamente con alambres rotos cerca de los accesorios. La corrosión puede resultar difícil de detectar cuando se desarrolla internamente en áreas ocultas a la inspección externa.
- *Accesorios de extremidad dañados:* este tipo de daño se detecta fácilmente e incluye grietas, muescas, estrías, corrosión severa y pruebas de que el accesorio de extremidad se está replegando en el cable.
- *Distorsión del cable*: esto incluye **deformaciones**, aplastamiento y **jaulas**.
- *Exposición del alma:* este daño consiste en que el alma del cable sobresale de entre los torones o los torones se separan y dejan el alma expuesta.

Tabla 1 Ejemplo de una tabla de la capacidad de eslingas de cable

CLASE	TAMAÑO EN PULG. (CM)	CAPACIDAD NOMINAL EN LIBRAS* (KG)						DIMENSIONES APROXIMADAS DEL OJAL	
		VERTICAL	DE ESTRANGULACIÓN**	ENGANCHE DE CANASTA					
					30°	60°	90°	ANCHO EN PULG. (CM)	LONGITUD EN PULG. (CM)
6 x 19 IWRC	1/4 (0,63)	1.120 (508)	820 (372)	2.200 (998)	2.200 (998)	1.940 (880)	1.580 (717)	2 (5,08)	4 (10,16)
6 x 19 IWRC	5/16 (0,79)	1.740 (789)	1.280 (581)	3.400 (1.542)	3.400 (1.542)	3.000 (1.361)	2.400 (1.089)	2 1/2 (6,35)	5 (12,7)
6 x 19 IWRC	3/8 (0,95)	2.400 (1.089)	1.840 (835)	4.800 (2.177)	4.600 (2.087)	4.200 (1.905)	3.400 (1.542)	3 (7,62)	6 (15,24)
6 x 19 IWRC	7/16 (1,11)	3.400 (1.542)	2.400 (1.089)	6.800 (3.084)	6.600 (2.994)	5.800 (2.631)	4.800 (2.177)	3 1/2 (8,89)	7 (17,78)
6 x 19 IWRC	1/2 (1,27)	4.400 (1.996)	3.200 (1.451)	8.800 (3.992)	8.600 (3.901)	7.600 (3.447)	6.200 (2.812)	4 (10,16)	8 (20,32)
6 x 19 IWRC	9/16 (1,42)	5.600 (2.540)	4.000 (1.814)	11.200 (5.080)	10.800 (4.899)	9.600 (4.354)	8.000 (3.629)	4 1/2 (11,43)	9 (22,86)
6 x 19 IWRC	5/8 (1,58)	6.800 (3.084)	5.000 (2.268)	13.600 (6.169)	13.200 (5.987)	11.800 (5.352)	9.600 (4.354)	5 (12,7)	10 (25,4)
6 x 19 IWRC	3/4 (1,90)	9.800 (4.445)	7.200 (3.266)	19.600 (8.890)	19.000 (8.618)	17.000 (7.711)	13.800 (6.260)	6 (15,24)	12 (30,48)
6 x 19 IWRC	7/8 (2,22)	13.200 (5.987)	9.600 (4.354)	26.000 (11.793)	26.000 (11.793)	22.000 (9.979)	18.600 (8.437)	7 (17,78)	14 (35,56)
6 x 19 IWRC	1 (2,54)	17.000 (7.711)	12.600 (5.715)	34.000 (15.422)	32.000 (14.515)	30.000 (13.608)	24.000 (10.886)	8 (20,32)	16 (40,64)
6 x 19 IWRC	1 5/8 (4,12)	20.000 (9.072)	15.800 (7.167)	40.000 (18.144)	38.000 (17.236)	34.000 (15.422)	28.000 (12.701)	9 (22,86)	18 (45,72)
6 x 37 IWRC	1 1/4 (3,17)	26.000 (11.793)	19.400 (8.800)	52.000 (23.587)	50.000 (22.680)	46.000 (20.865)	36.000 (16.329)	10 (25,4)	20 (50,8)
6 x 37 IWRC	1 3/8 (3,49)	30.000 (13.608)	24.000 (10.886)	60.000 (27.216)	58.000 (26.308)	52.000 (23.587)	42.000 (19.051)	11 (27,94)	22 (55,88)
6 x 37 IWRC	1 1/2 (3,81)	36.000 (16.329)	28.000 (12.701)	72.000 (32.659)	70.000 (31.751)	62.000 (28.123)	50.000 (22.680)	12 (30,48)	24 (60,96)
6 x 37 IWRC	1 5/8 (4,12)	42.000 (19.051)	32.000 (14.515)	84.000 (38.102)	82.000 (37.195)	72.000 (32.659)	60.000 (27.216)	13 (33,02)	26 (66,04)
6 x 37 IWRC	1 3/4 (4,44)	50.000 (22.680)	38.000 (17.236)	100.000 (45.359)	96.000 (43.545)	86.000 (39.009)	70.000 (31.751)	14 (35,56)	28 (71,12)
6 x 37 IWRC	2 (5,08)	64.000 (29.030)	48.000 (21.772)	128.000 (58.060)	124.000 (56.245)	110.000 (49.895)	90.000 (40.823)	16 (40,64)	32 (81,28)
6 x 37 IWRC	2 1/4 (5,71)	78.000 (35.380)	60.000 (27.216)	156.000 (70.760)	150.000 (68.039)	136.000 (61.689)	110.000 (49.895)	18 (45,72)	36 (91,44)
6 x 37 IWRC	2 1/2 (6,35)	94.000 (42.638)	74.000 (33.566)	188.000 (85.275)	182.000 (82.554)	162.000 (73.482)	132.000 (59.874)	20 (50,8)	40 (101,6)

*Las capacidades nominales para los ojales no protegidos se aplican únicamente cuando la sujeción se aplica a un objeto que es más angosto que el ancho natural del ojal y se aplica a los enganches de canasta únicamente cuando la relación D/d es de 25 o superior, donde D=diámetro de curvatura alrededor del cual el cuerpo de la eslinga se dobla y d=diámetro nominal de la cuerda.
**Consulte el cuadro de ajuste de capacidad nominal del enganche de estrangulación.

38101-11_T01.EPS

38101-11_F17.EPS

Figura 17 Guías de bolsillo para aparejamiento.

- *Empalme desacomodado:* se trata del desenredo de un empalme.

3.2.2 Eslingas de red sintética y redondas

Cuando inspeccione eslingas sintéticas y redondas, verifique las siguientes condiciones; si aparece alguna de ellas, descarte la eslinga inmediatamente:

- quemaduras por ácido o cáusticas;
- derretimiento o carbonización de alguna parte de la eslinga;
- agujeros, cortes, rasgaduras o enganches;
- rotura o desgaste de la costura;
- desgaste abrasivo excesivo;
- nudos en alguna parte de la eslinga;

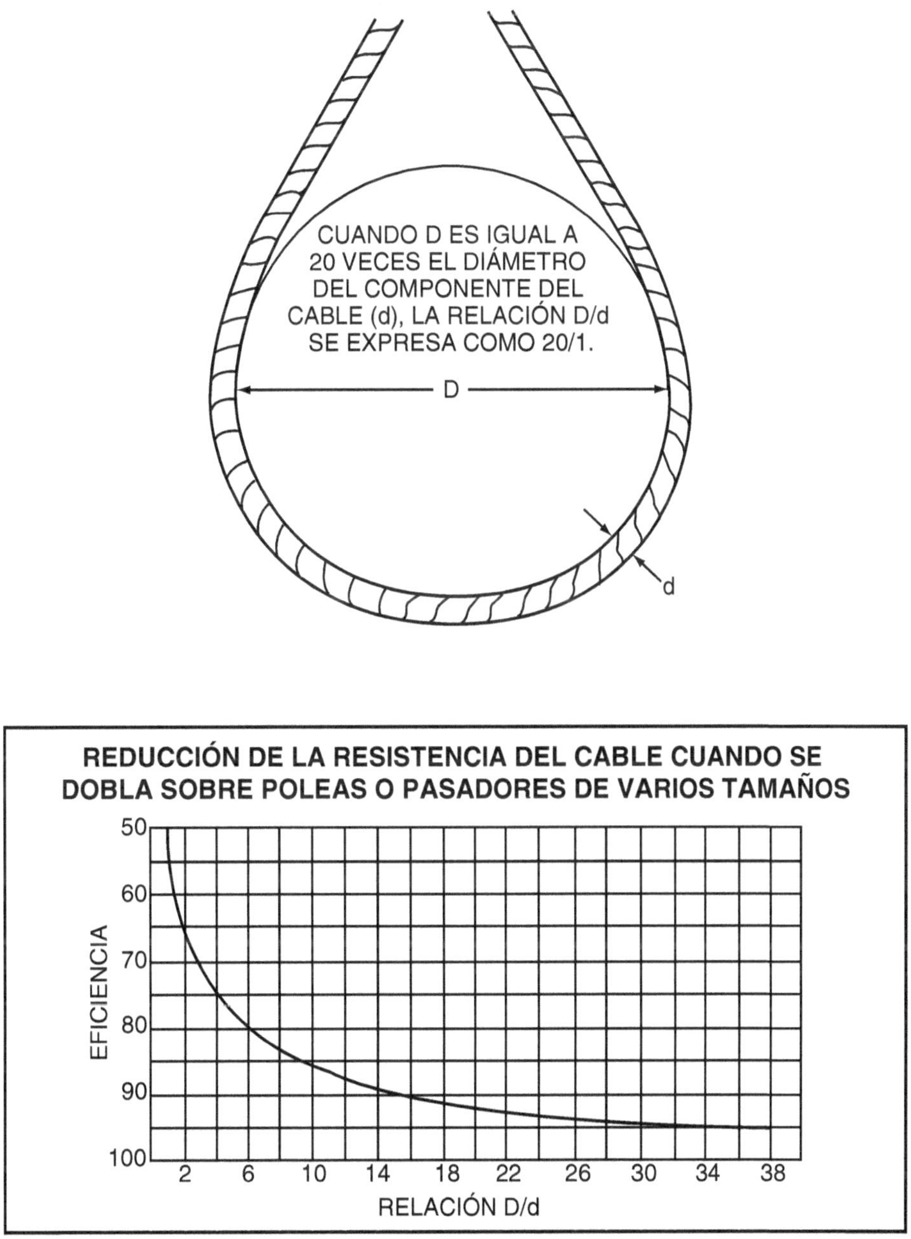

38101-11_F18.EPS

Figura 18 Diámetro del gancho y carga y cuadro de relación D/d correspondiente al cable.

- marcas o corrosión excesivos o accesorios agrietados, deformados o rotos;
- otros daños visibles que hagan dudar de la resistencia de la eslinga;
- etiqueta faltante o ilegible.

3.2.3 Eslingas de malla metálica

Aunque las eslingas de malla metálica soportan cargas abrasivas o calientes, son vulnerables a daños. Las eslingas de malla metálica deben descartarse si se detecta alguna de las siguientes condiciones durante la inspección:

- unión de soldadura o soldadura fuerte rota en el borde de la eslinga;
- alambre roto en cualquier parte de la malla;
- reducción del diámetro del alambre del 25 % debido a abrasión o del 15 % debido a corrosión;
- falta de flexibilidad causada por una distorsión de la malla;
- distorsión del accesorio de eslinga de manera que la profundidad de la ranura aumenta en un 10 %;
- distorsión de uno de los dos accesorios de extremidad de manera que el ancho de la abertura del ojal disminuye en más del 10 %;
- reducción del 15 % en el área transversal original del metal en algún punto alrededor de la eslinga

3.3.0 Eslingas de cadena

En algunos trabajos es más apropiado utilizar eslingas de cadena que eslingas de cable o de red. Se recomienda usar eslingas de cadena cuando se elevan piezas fundidas ásperas que destruirían rápidamente las eslingas de cable al doblar los alambres sobre los bordes ásperos. También se usan en aplicaciones de calor elevado o en las que las eslingas de cable no son apropiadas, y para dragado y otros trabajos marinos porque resisten la abrasión y la corrosión mejor que el cable. La información sobre los ángulos y las capacidades de la eslinga, descrita anteriormente para las eslingas de cable y de red, también se aplica a las eslingas de cadena. La *Figura 19* muestra algunas configuraciones comunes de eslingas de cadena y ganchos.

Un eslabón de cadena consta de dos lados. Si alguno de los lados falla, el eslabón se abre y deja caer la carga.

Las cadenas se estiran cuando se les aplica carga excesiva. Esto hace que los eslabones se estiren y se estrechen hasta empalmarse unos sobre otros, lo que constituye un signo de advertencia visible. Si la sobrecarga es intensa, la cadena fallará. Si una soldadura se llegara a romper, prácticamente no hay ninguna advertencia.

ADVERTENCIA

Las cadenas deben inspeccionarse cuidadosamente para ver si hay eslabones debilitados o dañados. El fallo de un eslabón puede hacer que toda la cadena falle.

ADVERTENCIA

La Administración de Seguridad y Salud Laboral de los EE.UU. (OSHA, por sus siglas en inglés) sólo permite una cadena de aleación para las maniobras aéreas de elevación.

3.3.1 Almacenamiento de las eslingas de cadena

Para almacenar las cadenas adecuadamente, cuélguelas de bastidores dentro de un edificio o vehículo para reducir el deterioro debido al óxido o la corrosión por las condiciones climáticas. Nunca deje que las eslingas de cadena estén en el suelo en áreas donde maquinaria pesada podría pasarles por encima.

Tenga en cuenta que algunos fabricantes sugieren la lubricación de las cadenas de aleación mientras están en uso; sin embargo, las cadenas resbalosas pueden aumentar los riesgos al manipularlas. Las cadenas recubiertas con aceite o grasa acumulan suciedad y polvo, lo que puede provocar un desgaste abrasivo. Las cadenas que se almacenen en áreas expuestas deben recubrirse con una capa de aceite o grasa para protegerlas del óxido y de la corrosión.

3.3.2 Cuidado e inspección de las eslingas de cadena

Las eslingas de cadena deben inspeccionarse visualmente antes de cada elevación. También son necesarias las inspecciones anuales y debe llevarse un registro de las inspecciones periódicas más recientes. Descarte las eslingas de cadena si encuentra alguna de las siguientes condiciones durante la inspección:

- *Desgaste:* cualquier parte de la eslinga de cadena desgastada en más del 15 % debe sacarse de servicio de inmediato. El desgaste comúnmente ocurre en los puntos en los cuales los eslabones de cadena se sostienen entre sí o en la parte exterior de los laterales del eslabón.

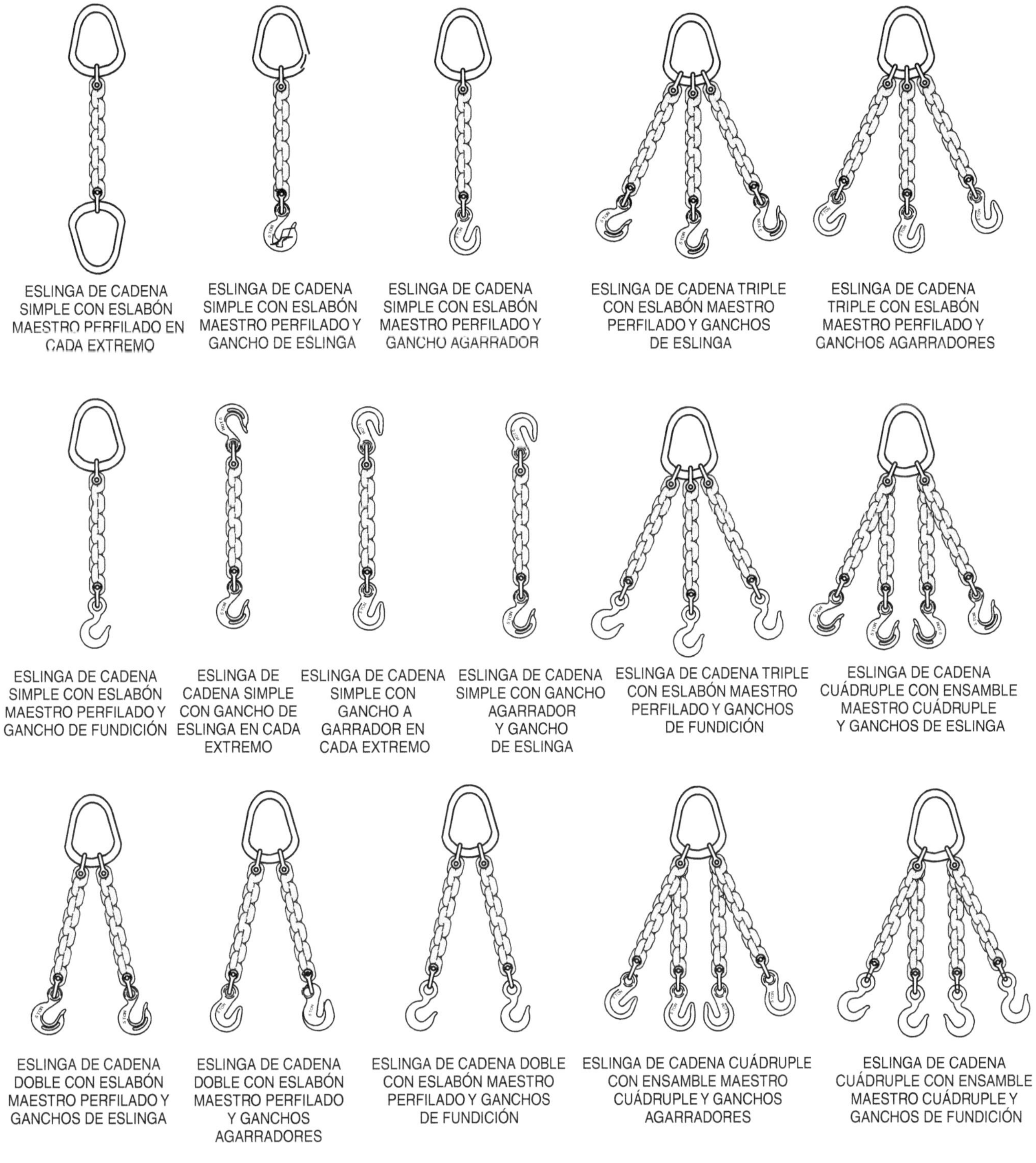

Figura 19 Eslingas de cadena y ganchos comunes.

- *Estiramiento:* compare la cadena con su longitud nominal o con la longitud de una cadena del mismo tipo nueva. Cualquier aumento de la longitud significa que se ha producido desgaste o estiramiento. Si la longitud ha aumentado en un 3 %, se necesita una inspección minuciosa adicional. Si se ha estirado más del 5 %, se debe sacar de servicio de inmediato. Las cadenas considerablemente estiradas tienen la forma de reloj de arena y los eslabones tienden a empalmar uno con otro. Asegúrese de verificar si hay estiramiento localizado ya que un eslabón de cadena puede pasarse por alto con facilidad.

- *Estado de los eslabones:* busque eslabones torcidos, doblados, cortados o con estrías o muescas.
- *Grietas:* descarte la cadena si encuentra grietas en alguna parte.
- *Soldaduras de eslabones:* las aletas elevadas en los bordes de soldadura indican sobrecarga.
- *Accesorios de extremidad:* verifique si hay signos de estiramiento, desgaste, torceduras, dobleces, abertura y corrosión.
- *Etiqueta de capacidad:* verifique si hay etiquetas faltantes o ilegibles.

4.0.0 CUERDAS GUÍA

Las cuerdas guía son usualmente cuerdas de fibra natural o sintética usadas para controlar la oscilación de la carga en actividades de elevación (*Figura 20*). El uso incorrecto de las cuerdas guía puede convertir la operación de elevación más simple en una situación peligrosa. Deben usarse cuerdas guía para controlar la oscilación de la carga cuando la grúa se está trasladando. También deben usarse cuando se gira una grúa si la rotación de la carga es peligrosa. Se requiere una cuerda guía no conductora durante la operación de una grúa en las cercanías de líneas de alta tensión.

Cuando seleccione una cuerda guía, tenga en cuenta ciertos factores. La soga sintética es la que se usa con más frecuencia como cuerda guía. La soga de fibra natural es considerablemente más débil que las sogas de fibra sintética (nailón, poliéster, polipropileno o polietileno) del mismo tamaño y está expuesta al deterioro por los rayos ultravioleta y a daños por calor y sustancias químicas. La soga de cáñamo también puede convertirse en conductora de electricidad cuando está mojada. Las sogas sintéticas son livianas y resistentes para su tamaño, y la mayoría son resistentes a las sustancias químicas. Cuando están secas, no son buenas conductoras de la electricidad, aunque algunas sogas sintéticas absorben agua con facilidad y conducen la electricidad. Se prefiere la cuerda de polipropileno seco para usar como cuerda guía.

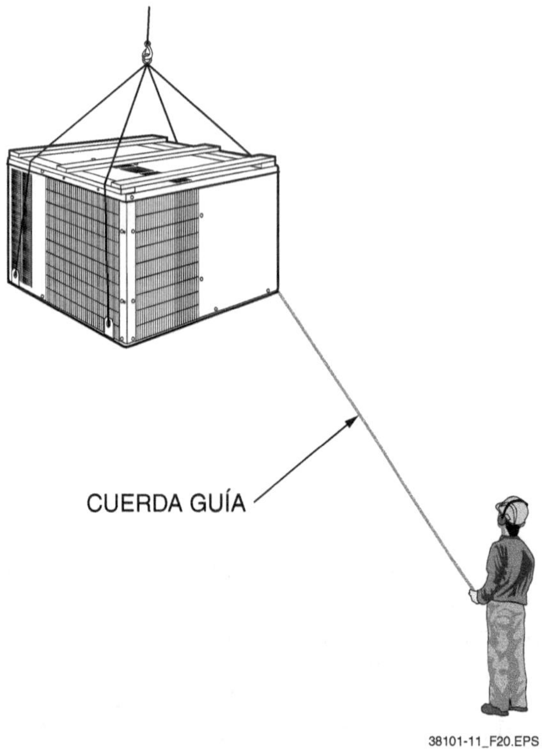

Figura 20 Uso de una cuerda guía para controlar la oscilación de una carga suspendida.

El diámetro de la cuerda guía debe ser lo suficientemente grande para que pueda sujetarse bien aun cuando se usen guantes. La soga de ½" (1,27 cm) de diámetro es común, pero a veces se usa la soga de ¾" (1,90 cm) y de 1" (2,54 cm) de diámetro con cargas pesadas o cuando la cuerda guía debe ser muy larga. Las cuerdas guía deben ser lo suficientemente largas para permitir el control de la carga desde su ubicación de elevación original hasta que se coloque de forma segura o hasta que otros compañeros de trabajo asuman el control. Debe tenerse consideración especial en las situaciones en las que una cuerda guía larga interferiría con el manejo seguro de las cargas, como durante el montaje de acero o vaciado de catalizador.

Las cuerdas guía deben unirse a las cargas en una ubicación que ofrezca la mayor ventaja para controlar la carga. Para cargas largas, sujete las cuerdas guía lo más cerca posible de los extremos. La cuerda guía debe colocarse en una ubicación que permita al personal quitarla con facilidad después de colocar la carga. Los nudos para unir cuerdas guía deben atarse correctamente para evitar que se deslicen o aflojen accidentalmente, pero deben ser desatados con facilidad después de que la carga haya sido colocada. Algunos nudos recomendados son el nudo ballestrinque con nudo simple de seguridad y el as de guía. Los aparejadores usan nudos diferentes para fines diferentes. La *Figura 21* muestra diversos nudos comúnmente usados para aparejamiento. En la mayor medida posible, las cuerdas guía deben ser de una longitud continua, no deben tener nudos ni empalmes y deben estar **ligadas** en ambos extremos. Si es necesario unir dos cuerdas guía, ello debe hacerse empalmando las cuerdas. Los nudos atados en el medio o con extremos libres de las cuerdas guía pueden causar problemas.

Para manejar una cuerda guía correctamente, determine la ventaja mecánica prevista para la

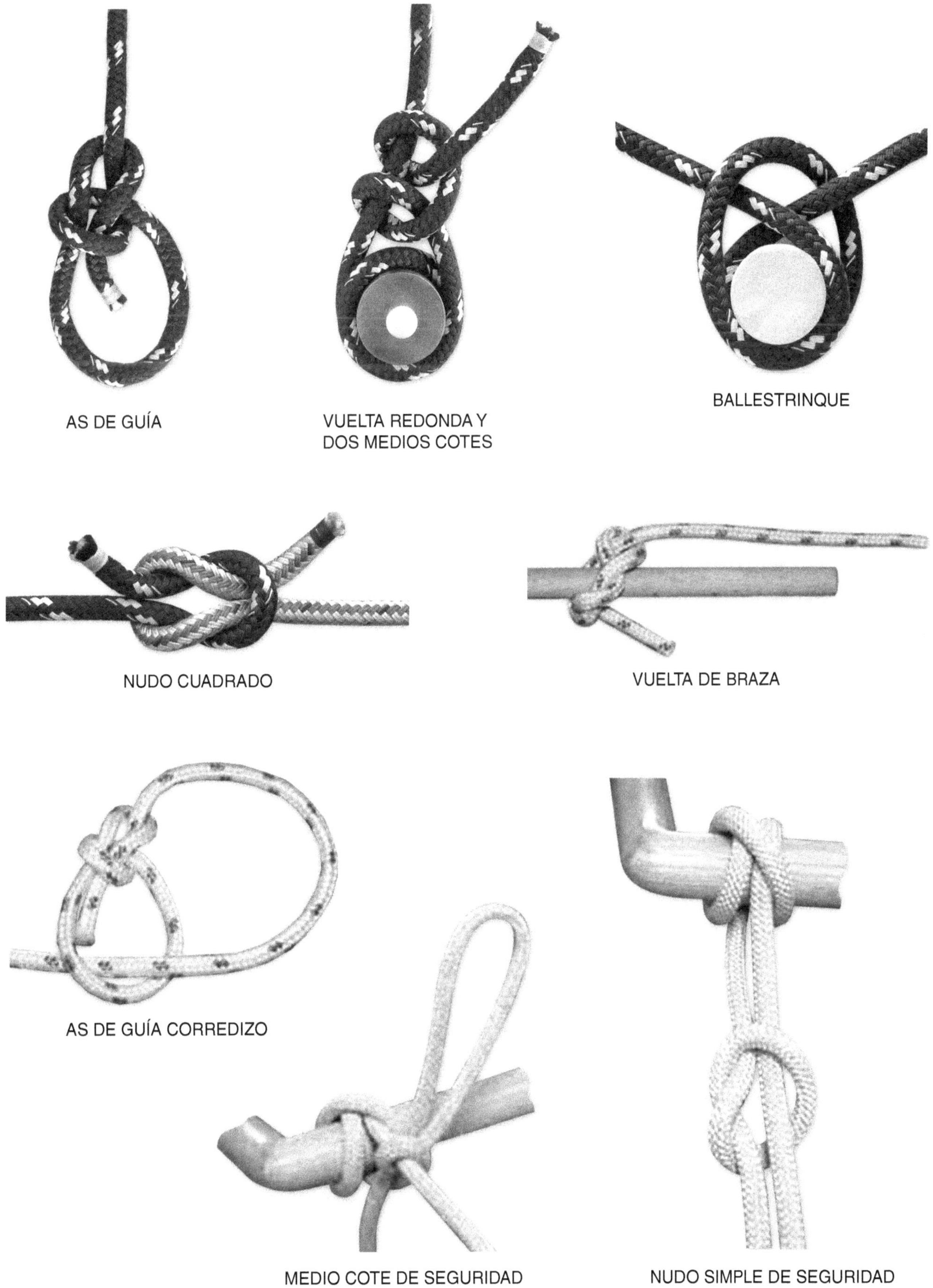

Figura 21 Nudos de aparejamiento comunes.

cuerda guía y manténgase lejos de la carga a fin de tener un área despejada. Cuando sea posible, párese donde pueda ver la grúa que se usa para la elevación. Usted y la cuerda guía deben permanecer a la vista del operador de la grúa. Manténgase alerta. No se confíe durante la elevación. Si sobra soga, esté atento a la ubicación y no permita que se enrede en ningún objeto.

Las cargas grandes usualmente requieren el uso de más de una cuerda guía. En estos casos, el personal que maneja la cuerda guía debe trabajar en equipo y coordinar sus acciones.

5.0.0 Aparejo de poleas

El aparejo de poleas es el dispositivo de elevación más básico. Se usa para elevar o jalar cargas livianas. Un bloque consta de una o más poleas instaladas en un marco de madera o metal con un gancho sujeto a la parte superior. El aparejo es el cable o cuerda y los acoplamientos de extremidad que se conectan al bloque. Algunos aparejos de poleas tienen un freno que inmoviliza la carga una vez que está elevada; otros no lo tienen. Los tipos que no tienen freno requieren que el **cable para transportar** se jale constantemente o, bien, que se ate para sostener la carga. Existen dos tipos de aparejos de poleas: simple y compuesto.

Un aparejo de poleas simple consta de una polea y una sola cuerda. Se usa para elevar o jalar cargas muy livianas. El gancho se sujeta a la carga y la cuerda se jala a mano para elevar la carga. La capacidad de carga de este tipo de aparejo de poleas es igual a la capacidad del cable de carga. El bloque debe estar sujeto a una estructura del edificio o a algún otro apoyo mediante un método que ofrezca una capacidad de carga adecuada para soportar la carga y el aparejo. La *Figura 22* muestra un aparejo de poleas simple.

Un aparejo de poleas compuesto (*Figura 23*) usa más de un bloque. Cuenta con un **bloque fijo** superior que está sujeto a la estructura del edificio u otro apoyo y un bloque móvil inferior que está sujeto a la carga. Cada bloque puede tener una o más poleas. Cuanto más poleas tienen los bloques, más **partes de cuerda** tiene el aparejo de poleas y mayor es la capacidad de elevación. El aparejo de poleas compuesto puede manejar cargas más pesadas que el aparejo de poleas simple y requiere menos esfuerzo para levantar la carga.

6.0.0 Polipastos de cadena

Un polipasto de cadena, también llamado montacargas de cadena, es otro dispositivo de elevación muy útil y frecuentemente usado. Se usa para casi los mismos fines que el aparejo de poleas. Los polipastos de cadena se usan para elevaciones verticales rectas solamente. Están diseñados para elevaciones rectas y pueden dañarse si se usan para elevaciones en ángulo. Siempre use una eslinga con los polipastos de cadena. La cadena de carga de un polipasto de cadena nunca debe estar envuelta alrededor de un objeto ni usarse como eslinga.

La capacidad de carga de cualquier polipasto de cadena debe estar marcada en el dispositivo.

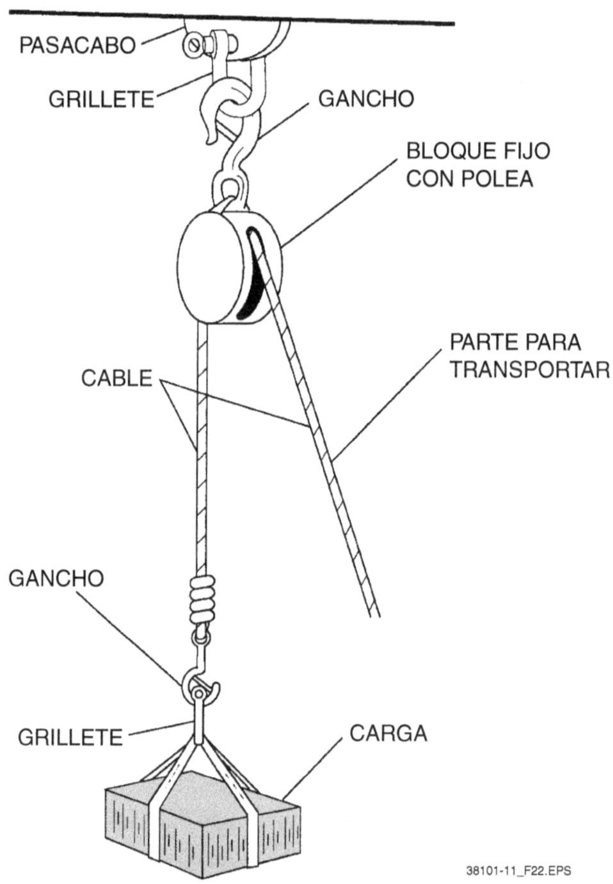

Figura 22 Aparejo de poleas simple.

Figura 23 Aparejo de poleas compuesto.

Nunca debe excederse la capacidad de un polipasto de cadena. Los polipastos de cadena son equipos estándares en la mayoría de los talleres y departamentos de aparejamiento porque son confiables, portátiles y fáciles de usar. Algunos tipos comunes de polipastos de cadena son los eléctricos y los de engranaje recto.

6.1.0 Polipastos de cadena de engranaje recto

El polipasto de cadena de engranaje recto (*Figura 24*) tiene dos cadenas. Una cadena sin fin, la cadena de aparejamiento, acciona una polea de llanta simple que a su vez acciona una unidad de reducción de engranaje. La cadena de carga está instalada en la unidad de reducción de engranaje y tiene un gancho que se sujeta a la carga. A veces se usa una cadena de rodillos como cadena de carga en vez de una cadena de tipo eslabón. El polipasto de cadena de engranaje recto es el tipo de polipasto de cadena manual más eficiente y se usa más frecuentemente para cargas más pesadas.

6.2.0 Polipastos de cadena eléctricos

Los polipastos de cadena eléctricos (*Figura 25*) funcionan prácticamente de la misma manera que los polipastos de cadena manuales, excepto que tienen un motor eléctrico en vez de una cadena de tracción para subir y bajar la carga. Los polipastos de cadena eléctricos son el tipo más rápido y eficiente de polipasto de cadena. Los polipastos de cadena eléctricos comunes están disponibles en capacidades de ¼ de tonelada a 5 toneladas, pero hay polipastos de cadena eléctricos para aplicaciones especiales con capacidades mucho más altas. Se controlan desde un panel de control con un botón pulsador de mano que está suspendido de un cable desde el polipasto de cadena. Debe tenerse cuidado especial cuando se levante una carga con un polipasto de cadena eléctrico porque es difícil saber cuánta fuerza ejerce el motor eléctrico. Si la carga quedara atorada en algún objeto, el polipasto de cadena se sobrecargaría y se dañaría.

6.3.0 Cuidado de los polipastos de cadena

Como otros dispositivos de elevación, los polipastos de cadena deben inspeccionarse cuidadosamente antes de cada uso. La cadena, en particular, debe revisarse para asegurarse de que no tenga defectos. Siga estos pasos para seleccionar, inspeccionar, usar y darle mantenimiento a un polipasto de cadena:

38101-11_F24.EPS

Figura 24 Polipasto de cadena de engranaje recto.

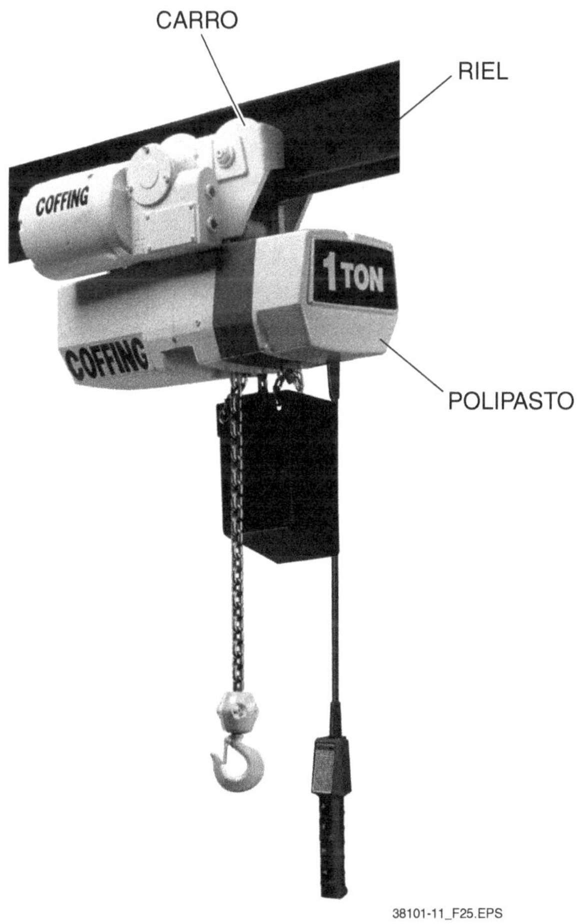

38101-11_F25.EPS

Figura 25 Polipasto de cadena eléctrico.

Paso 1 Seleccione un polipasto de cadena de la capacidad adecuada para manejar la carga.

Paso 2 Inspeccione la cadena de carga y el gancho para asegurarse de que no estén excesivamente desgastados, doblados ni deformados.

Paso 3 Inspeccione las poleas para asegurarse de que no estén dobladas ni excesivamente desgastadas.

Paso 4 Asegúrese de que el polipasto de cadena esté adecuadamente lubricado.

Paso 5 Cuelgue el polipasto de cadena en un soporte adecuado usando el equipo de aparejamiento adecuado.

> **NOTA**
> Si se trata de un polipasto de cadena eléctrico, enchúfelo en el tomacorrientes.

Paso 6 Baje el gancho de carga y conéctelo a la carga usando el equipo de aparejamiento adecuado.

Paso 7 Eleve y coloque la carga.

> **NOTA**
> Para elevar la carga mediante un polipasto de cadena manual, jale la cadena de mano. Para elevar la carga mediante un polipasto de cadena eléctrico, mantenga presionado el botón UP (arriba) en el control de mano.

Paso 8 Desconecte de la carga el gancho para cargar.

Paso 9 Retire el polipasto de cadena de su soporte.

Paso 10 Enrolle la cadena para que no se enrede.

Paso 11 Guarde el polipasto de cadena en el lugar correspondiente.

7.0.0 POLIPASTOS CON PALANCA DE TRINQUETE Y GARRUCHAS

Los polipastos con palanca de trinquete y las garruchas (*Figura 26*) se usan para traslados cortos de cargas pesadas. El término garrucha se usa mucho para identificar ambas cosas, pero no son iguales. Una garrucha utiliza un cable, mientras que un polipasto con palanca de trinquete utiliza una cadena. Los polipastos con palanca de trinquete se pueden usar para las elevaciones en sentido vertical, pero las garruchas con cable solamente se pueden usar para los traslados en sentido horizontal. Las garruchas y los polipastos con palanca de trinquete son portátiles, fáciles de almacenar y fáciles de utilizar. Se encuentran disponibles en distintas capacidades.

Figura 26 Garrucha y polipasto con palanca de trinquete.

> **ADVERTENCIA**
> Nunca use una garrucha para elevaciones en sentido vertical. No tienen los mismos mecanismos de seguridad mediante frenado que el polipasto con palanca de trinquete para evitar que se resbale la carga.

Un polipasto con palanca de trinquete consta de las siguientes piezas:

- *Gancho de suspensión:* es un gancho de acero que se usa para colgar el polipasto.
- *Gancho de carga:* es un gancho de acero que se sujeta a la carga.
- *Cadena de carga:* es la cadena que se sujeta al gancho de carga para subir la carga.
- *Manivela de trinquete:* es la manivela con la cual se moviliza el trinquete que sostiene la cadena y sube o baja la carga.
- *Manivela de enrollado rápido:* esta manivela sostiene o libera la cadena sin necesidad de usar la manivela de trinquete. No se puede utilizar para subir o bajar la carga.
- *Dispositivo liberador del trinquete:* es un dispositivo que libera el trinquete para que se pueda extraer la cadena. También cambia el dispositivo a la posición Up (arriba) o Down (abajo).

Siga estos pasos para seleccionar, inspeccionar, utilizar y darle mantenimiento a un polipasto con palanca de trinquete:

Paso 1 Seleccione un dispositivo de capacidad adecuada para manejar la carga.

Paso 2 Inspeccione la cadena y los ganchos para asegurarse de que no estén excesivamente desgastados, doblados ni deformados.

Paso 3 Inspeccione el dispositivo para asegurarse que no esté dañado.

Paso 4 Cuelgue el dispositivo en un soporte apropiado.

Paso 5 Gire el dispositivo liberador del trinquete a la posición intermedia.

Paso 6 Tire de la cadena lo suficiente como para fijarla a la carga.

Paso 7 Fije el gancho de carga a la carga, usando la maniobra adecuada.

Paso 8 Gire la manivela de enrollado rápido para tensar la cadena.

Paso 9 Gire el dispositivo liberador del trinquete a la posición Up (arriba).

Paso 10 Mueva la manivela del trinquete para elevar y colocar la carga en posición.

Paso 11 Gire el dispositivo liberador del trinquete a la posición Down (abajo).

Paso 12 Mueva la manivela del trinquete para bajar la carga a su posición hasta que la cadena quede floja.

Paso 13 Desconecte de la carga el gancho para cargar.

Paso 14 Guarde el dispositivo en su lugar.

8.0.0 Gatos

Un gato es un dispositivo que se usa para levantar o bajar equipos. Los gatos también se usan para mover cargas pesadas una distancia corta y ofrecen buen control del movimiento. Los siguientes son los tres tipos básicos de gatos:

- De trinquete
- Ajustable
- **Hidráulico**

8.1.0 Gatos de trinquete

El gato de trinquete (*Figura 27*), también llamado gato para ferrocarril, se usa solamente para elevar cargas de menos de 25 toneladas. Usa el principio de palanca y punto de apoyo. El golpe hacia abajo de la palanca eleva la barra de cremallera una ranura a la vez. Un mecanismo de enganche, llamado fiador, automáticamente se coloca en posición, lo que retiene la carga y suelta la palanca para el próximo golpe de elevación.

38101-11_F27.EPS

Figura 27 Gato de trinquete.

Los gatos de trinquete son los gatos de uso general más útiles. Ofrecen elevación, bajada y nivelación seguras. Pueden elevar la capacidad completa del gato en la base o en la parte superior.

8.2.0 Gatos ajustables

Los gatos ajustables (*Figura 28*) se usan para elevar cargas pesadas. Hay dos tipos generales de gatos ajustables: vertical e invertida. El gato ajustable usa el principio de tornillo y tuerca. Para las cargas más livianas, una palanca simple aplicará potencia suficiente para girar el tornillo. Para las cargas más pesadas, se usan unidades de reducción de engranaje y de trinquete para aumentar la fuerza del operador. En los gatos más pesados, el gato ajustable es operado por un motor neumático para ofrecer una elevación y un descenso más rápidos.

8.3.0 Gatos hidráulicos

Los gatos hidráulicos (*Figura 29*) son operados por la presión de un líquido encerrado. Hay dos tipos

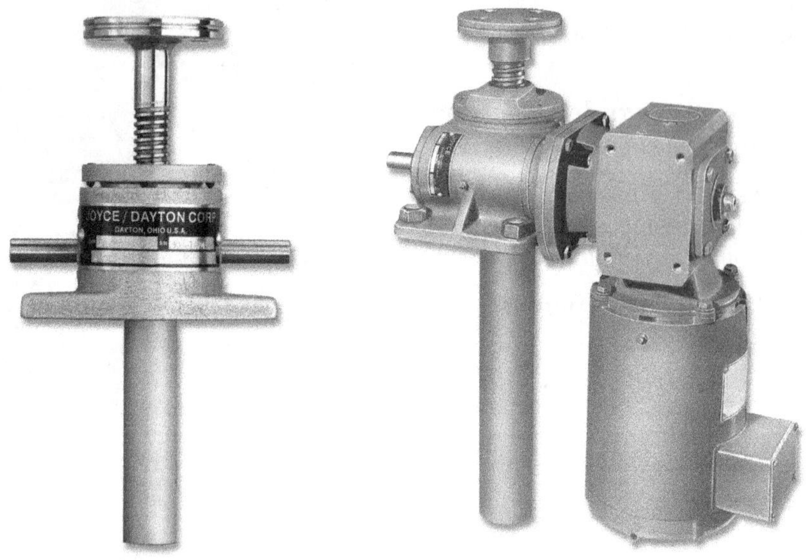

GATO AJUSTABLE VERTICAL

GATO AJUSTABLE MOTORIZADO

38101-11_F28.EPS

Figura 28 Gatos ajustables verticales y motorizados.

CAPACIDAD DE 100 TONELADAS

CAPACIDAD DE 2 A 10 TONELADAS

38101-11_F29.EPS

Figura 29 Gatos hidráulicos.

de gatos hidráulicos. Un tipo tiene la bomba incorporada en el gato. El otro usa una bomba separada. Ambos tipos de gato pueden elevar cargas pesadas con poco esfuerzo. El gato hidráulico que tiene una bomba separada ofrece las siguientes ventajas:

- El especialista puede operar la bomba a una distancia segura de la carga.
- El émbolo proporciona la mayor cantidad de desplazamiento para una altura cerrada determinada.
- Las bombas pueden ser accionadas de forma manual o con un motor eléctrico, neumático o a nafta.

El gato hidráulico no es tan rápido como el gato de trinquete, pero es ideal para elevar cargas pesadas.

8.4.0 Inspección y uso de los gatos

Con el tiempo, un gato puede resultar dañado o debilitado y puede fallar cuando se le aplica una carga. Para evitar tales fallos, es necesario inspeccionar minuciosamente todos los gatos antes de cada uso. Siga estas pautas cuando use gatos:

- Inspeccione los gatos antes de usarlos para asegurarse de que no tengan ningún daño.
- Use protectores de madera cuando eleve objetos de metal con el gato.
- Use la manija del gato correcta y quítela del gato cuando no esté en uso.
- Nunca se pare sobre la manija de un gato para aplicar más fuerza.
- Use una base o una ménsula debajo de la carga cuando la eleve con el gato. Nunca deje un gato debajo de una carga sin haber bloqueado la carga.
- Coloque los gatos correctamente y eleve la carga de manera uniforme para evitar que la carga se desplace o caiga.
- Nunca coloque los gatos directamente en el suelo cuando eleve una carga. Siempre use una base o apoyo sólido.
- Coloque los gatos de manera que la dirección de la fuerza sea perpendicular a la base y la superficie de la carga.
- Nunca exceda la capacidad de carga del gato.
- No use extensiones para las manijas del gato.
- Apuntale las cargas para evitar que los gatos se inclinen.
- Ate o bloquee los gatos cuando los use en posición horizontal para mover un objeto.
- Nunca use el gato con rodillos.
- Haga coincidir los gatos de trinquete para lograr una elevación uniforme.
- Mantenga los dedos lejos de las piezas del trinquete cuando eleve o baje un objeto.
- Limpie cuidadosamente todos los conectores de la manguera hidráulica antes de conectarlos.

9.0.0 PLATAFORMAS DE ELEVACIÓN CON TAMBOR MONTADAS EN LA BASE

Las plataformas de elevación con tambor montadas en la base, conocidas como remolcadores (*Figura 30*), son en realidad cabestrantes operados neumáticamente. Pueden usarse para elevar y bajar o para trasladar. El remolcador debe estar anclado de forma segura al piso o a una viga de acero mediante un método que soporte cualquier carga colocada en el remolcador. Cuando asegure un remolcador a una viga de acero, use un protector en la eslinga. Los remolcadores pueden colocarse en prácticamente cualquier ubicación conveniente en un edifico, y el cable de carga puede pasar a través de una serie de bloques hasta el área donde se hará la elevación. Los bloques y todos los implementos deben tener la capacidad de carga correcta para manejar la carga que se eleva. Los controles pueden estar ubicados en el remolcador o el remolcador puede tener controles remotos. Muchas veces, el remolcador está en una ubicación desde la cual el operador no puede ver la carga que se eleva. En este caso, se necesita una persona encargada de dar señales para dirigir al operador utilizando el mismo método de señalización que se usa cuando se señaliza una grúa. El remolcador tiene un freno de tipo banda para retener la carga.

38101-11_F30.EPS

Figura 30 Remolcador.

Siga estos pasos para seleccionar, inspeccionar, usar y darle mantenimiento a un remolcador:

Paso 1 Verifique que el remolcador tenga la capacidad adecuada para manejar la carga.

Paso 2 Asegúrese de que exista un flujo de aire adecuado conectado al remolcador y que funcione.

Paso 3 Presione la palanca de control hacia la posición Down (abajo) y desenrolle suficiente cable para sujetarlo a la carga.

Paso 4 Fije el cable a la carga mediante el equipo de aparejamiento adecuado.

> **NOTA**
> En ocasiones, la carga está muy lejos del remolcador. En este caso, el operador del remolcador necesitará la ayuda de un aparejador para fijar el cable a la carga y dirigir el movimiento del objeto.

Paso 5 Asegúrese de que el cable esté deslizándose adecuadamente a través de todos los bloques.

Paso 6 Coloque la manija de control en la posición Up (arriba) para elevar la carga.

ADVERTENCIA

Siempre párese al lado del remolcador detrás del protector de seguridad cuando opere el remolcador.

PRECAUCIÓN

Los remolcadores tienen velocidad variable. Al llevar la manija de control ligeramente hacia la posición Up (arriba), se eleva la carga lentamente. Comience despacio y luego lleve la manija hacia la posición Up (arriba) para acelerar. Disminuya la velocidad a medida que la carga se acerque a su destino.

Paso 7 Lleve la manija de control hacia la posición Down (abajo) para colocar la carga en su destino.

Paso 8 Lleve la manija de control hacia la posición Down (abajo) para aflojar el cable.

Paso 9 Desconecte de la carga el gancho para cargar.

Paso 10 Opere la manija de control para colocar el cable en la posición de almacenamiento normal.

RESUMEN

La selección y el ajuste del equipo de elevación, el enganche de las eslingas a la carga que se elevará o moverá, como también su colocación en la posición adecuada son todas tareas del proceso denominado aparejamiento. Llevar a cabo este proceso en forma segura y eficaz demanda elegir el equipo adecuado para cada tarea de elevación, comprender los peligros para la seguridad y saber cómo prevenir accidentes. Los aparejadores deben considerar con sumo cuidado el equipo y las herramientas de su oficio porque sus vidas pueden depender de su funcionamiento correcto.

Preguntas de repaso

1. Mezclar equipos de aparejamiento de capacidades de elevación diferentes está permitido siempre y cuando la capacidad de uno de los implementos exceda el peso de la carga.
   a. Verdadero
   b. Falso

2. El límite de carga para trabajar de un gancho de aparejamiento es preciso solamente cuando la carga está suspendida de la parte del gancho llamada ______.
   a. cuerpo
   b. ojal
   c. cuello
   d. asiento

3. ASME B30.10 requiere que se reemplace un gancho si la distorsión del cuello es mayor al _____ %.
   a. 5
   b. 10
   c. 15
   d. 20

4. Se prefiere un perno en lugar de un pasador de grillete porque puede cargar más peso.
   a. Verdadero
   b. Falso

5. Las eslingas se fijan juntas utilizando _____.
   a. espaciadores
   b. jales de eslinga
   c. grilletes
   d. agarraderas de elevación

6. Todas las siguientes afirmaciones son verdaderas, a excepción de _____.
   a. Los grilletes con pasadores desgastados en más del 10 % deben ser reemplazados.
   b. El tamaño de un grillete está determinado por el tamaño de su pasador.
   c. Cuando se usa un grillete en un gancho, el pasador del grillete debe colgarse del gancho.
   d. Si la tracción se aplica a un grillete en el ángulo, su capacidad se reduce.

7. Los orificios roscados que se usan con cáncamos atornillados deben tener una profundidad mínima de _____ veces el diámetro del perno.
   a. 1 ¼
   b. 1 ½
   c. 1 ¾
   d. 2

8. ¿Cuál de las siguientes afirmaciones sobre una agarradera de elevación es correcta?
   a. Solo pueden utilizarse para elevaciones verticales.
   b. Solo pueden utilizarse para elevaciones en ángulo.
   c. Se utilizan principalmente para elevaciones verticales, pero algunas se utilizan para elevaciones en ángulo si así fueron diseñadas.
   d. Se utilizan principalmente para elevaciones en ángulo, pero algunas también se diseñan para elevaciones verticales.

9. Las abrazaderas para planchuelas roscadas se utilizan únicamente para elevaciones verticales de planchuelas.
   a. Verdadero
   b. Falso

10. Un(a) _____ puede usarse para nivelar cargas cuando los brazos de una eslinga no son iguales.
    a. eslabón de aparejamiento
    b. planchuela niveladora
    c. abrazadera para planchuela
    d. abrazadera de viga

11. Las vigas separadoras y niveladoras fabricadas a pedido deben probarse al _____ % de su capacidad nominal.
    a. 100
    b. 125
    c. 150
    d. 200

12. Las cargas largas se sostienen durante las operaciones de elevación mediante _____.

    a. vigas separadoras
    b. vigas niveladoras
    c. planchuelas niveladoras combinadas
    d. abrazaderas dentadas

13. Una de las eslingas que mejor se adapta a las situaciones en las que la carga es abrasiva, está caliente o tiende a cortar es la eslinga ______.

    a. de cable
    b. de red sintética
    c. de anillo sin fin
    d. de malla metálica

14. El término "relación D/d" se refiere a la relación entre el diámetro de la eslinga y _____.

    a. la distancia desde el gancho hasta la carga
    b. el diámetro de la superficie en la que se envuelve la eslinga
    c. la distancia desde la carga hasta el piso
    d. el diámetro de la carga

15. El dragado y otros trabajos marinos requieren de eslingas _____ porque resisten mejor la corrosión.

    a. de cadena
    b. de red sintética
    c. de cable
    d. de malla

16. Una eslinga de cadena debe descartarse si alguna parte de la cadena está desgastada en un ______ % o más.

    a. 5
    b. 10
    c. 15
    d. 20

17. ¿Cuál de las siguientes afirmaciones sobre un aparejo de poleas compuesto es correcta?

    a. Tiene mayor capacidad, pero requiere más esfuerzo.
    b. El bloque fijo está unido a la carga.
    c. Cuantas más poleas tienen los bloques, mayor es la capacidad de carga.
    d. Siempre es necesario atar el cable para transportar para evitar que la carga se caiga.

18. Los traslados cortos de cargas pesadas se logran mediante _____.

    a. polipastos con palanca de trinquete o garruchas
    b. gatos de trinquete
    c. aparejos de poleas
    d. tensores

19. El gato de trinquete puede levantar cargas más pesadas que un gato ajustable o un gato hidráulico.

    a. Verdadero
    b. Falso

20. El gato de uso general más útil es el gato _____.

    a. de tornillo ajustable invertido
    b. hidráulico
    c. ajustable vertical
    d. de trinquete

Cuestionario de términos clave

Complete los espacios en blanco con el término clave correcto que aprendió durante el estudio de este módulo.

1. El bloque superior de un aparejo de poleas se denomina _________.
2. _________ es atar una soga para evitar la detorsión después de que se cortó.
3. El número de sogas entre los bloques superior e inferior de un aparejo de poleas se llama _________.
4. La cuerda de un dispositivo de elevación que se jala a mano para levantar la carga se denomina _________.
5. La deformación del cable que hace que los torones o pasos se separen y se curven hacia afuera se denomina _________.
6. Cuando se aplica tensión a una carga, el ángulo formado por los brazos de una eslinga con respecto al plano horizontal se denomina _________.
7. _________ es cuando una soga se dobla tanto que el doblez es permanente y los alambres o fibras individuales se dañan.
8. El equipo accionado mediante la presión de un líquido se denomina equipo _________.
9. Para distribuir el peso en elevaciones con múltiples grúas, se utiliza un(a) _________.

Términos clave del oficio

Ángulo de la eslinga
Bloque fijo
Cable para transportar
Deformaciones
Hidráulico
Jaula
Ligar
Partes del cable
Viga niveladora

Anthony Johnson

Constellation Energy
Instructor de entrenamiento técnico

Sintetice cómo se inició en la industria de la construcción.
Después de graduarme de la escuela secundaria, me alisté en la Fuerza Aérea y me convertí en jefe de servicio de mantenimiento de una aeronave C141B, lo cual incluía realizar todo el mantenimiento del avión. Después de la Fuerza Aérea, me desempeñé como mecánico de generadores/turbinas para Constellation Energy durante 13 años. Luego me desempeñé como mecánico/operador de una central eléctrica durante 10 años. Me desempeño como instructor allí desde entonces.

¿Quién lo inspiró para ingresar a la industria? ¿Por qué?
Mi abuelo, Bradley Thomas Johnson. Mientras crecía, me enseñó cómo realizar el mantenimiento de todo aquello que debía ser arreglado, cómo solucionar los problemas y cómo decidir qué se debe hacer.

¿Qué es lo que más disfruta de su empleo?
Enseñar a las generaciones más jóvenes cómo y por qué hay que realizar prácticas de mantenimiento, brindándoles la oportunidad de mejorar ellos mismos y, al mismo tiempo, mejorar yo también al realizar las investigaciones necesarias para entender cabalmente los temas que enseño.

¿Considera que el entrenamiento y la educación son importantes en la construcción? De ser así, ¿por qué?
Sí, lo son. En la sociedad actual, las personas que se gradúan de nuestros sistemas escolares no están recibiendo la educación necesaria para realizar lo que se les pide en estas carreras profesionales.

¿Qué tan importante son las credenciales de NCCER para su carrera?
Considero que son muy importantes.

¿Qué impacto ha producido el entrenamiento/la construcción en su vida y su carrera?
El impacto más importante del entrenamiento es la seguridad. Cuando una persona recibe el entrenamiento adecuado y necesario para realizar una tarea, puede realizar esa tarea de manera segura sin lesionarse, lesionar a otra persona o dañar el equipo. El entrenamiento me ha ayudado a avanzar a lo largo de mi carrera y, con esos avances, ha mejorado mi salario.

¿Sugeriría la construcción como carrera a otras personas? De ser así, ¿por qué?
Sí, lo haría. La industria de la construcción necesitará imperiosamente personas educadas que sigan realizando las tareas necesarias para que el mundo industrial siga avanzando. Es un hecho comprobado que, dentro de los próximos 8 a 10 años, la industria comenzará a perder el 80 % de su fuerza laboral debido a la deserción.

¿Qué es para usted la habilidad del trabajador?
Es la atención al detalle y el orgullo que siente el especialista mientras desempeña las habilidades necesarias para completar el trabajo. Los especialistas han perfeccionado estas habilidades mediante la educación formal, el entrenamiento práctico y experiencias anteriores, y han aplicado esas habilidades en la mayor medida posible con cada tarea que realizan.

Términos clave del oficio introducidos en este módulo

Ángulo de la eslinga: ángulo formado por los brazos extremos de una eslinga con respecto al plano horizontal cuando se aplica tensión a la carga.

Bloque fijo: bloque superior de un aparejo de poleas. El bloque que está unido al soporte.

Cable para transportar: cuerda de un dispositivo de elevación que se jala a mano para levantar la carga.

Deformación: ocurre cuando una soga se dobla tanto que el doblez es permanente y los alambres o fibras individuales se dañan.

Hidráulico: accionado mediante la presión de un líquido.

Jaula: deformación del cable que hace que los torones o pasos se separen y se curven hacia afuera, de la misma manera que las barras verticales de una jaula de pájaro.

Ligar: atar una soga para evitar la detorsión después de que se cortó.

Partes del cable: cantidad de cables que soportan directamente el bloque de desplazamiento.

Viga niveladora: viga que se usa para distribuir el peso en elevaciones con múltiples grúas.

Recursos adicionales

Este módulo presenta recursos detallados para el entrenamiento en las tareas. Los siguientes materiales de referencia se sugieren para más estudio.

Machinery's Handbook (Manual de maquinarias), última edición. Erik Oberg, Franklin D. Jones, Holbrook L. Horton y Henry H. Ryffel. New York, NY: Industrial Press, Inc.

Occupational Safety and Health Standards for the Construction Industry (Estándares de seguridad y salud ocupacional para la industria de la construcción), *29 CFR, Parte 1926*, Washington, DC: Departamento de Trabajo de la OSHA, Oficina de Impresiones del Gobierno de los Estados Unidos.

Créditos de las figuras

Richard Nickel, abridor del módulo

Topaz Publications, Inc., Figuras 1, 11, 14 y 17

J.C. Renfroe & Sons, Inc., Figura 12

Lift-All Company, Inc., Figura 15

Alan W. Grogono, M.D., Figura 21 (as de guía, vuelta redonda y dos medios cotes, ballestrinque y nudo cuadrado)

Dave Root, Figura 21 (nudo vuelta de braza y as de guía deslizable)

Lincoln Fire & Rescue, Lincoln, NE, Figura 21 (medio cote de seguridad y nudo simple de seguridad)

Lehman's Non-Electric Catalog, Figura 23

Chester Hoist Company, Figura 24

Coffing Hoists, Figura 25

Lug-All Corporation, Figura 26 (garrucha)

JET Tools and Equipment, Figura 26 (polipasto con palanca de trinquete)

Duff-Norton, Figuras 27 y 29

Joyce/Dayton Corp., Figura 28

Vernon Smith, Figura 30

CURRÍCULO DE NCCER - COMENTARIOS DEL USUARIO

NCCER hace el esfuerzo de mantener estos libros de texto actualizados y libres de errores técnicos. Apreciamos su ayuda en este proceso. Si encuentra algún error, ya sea tipográfico o de contenido, en el currículo de NCCER, haga el favor de completar este formulario (o una fotocopia de él) o el formulario en línea en **www.nccer.org/olf**. Asegúrese de incluir el número exacto del módulo, la página, una descripción detallada y la corrección recomendada. Su comentario será puesto en conocimiento del comité técnico de revisión. Gracias por su ayuda.

Instructores: si tiene una idea para mejorar este libro de texto o encontró que algún material adicional es necesario para enseñar este módulo con eficacia, por favor háganoslo saber para que podamos presentar sus sugerencias al comité técnico de revisión.

NCCER Product Development and Revision

13614 Progress Blvd., Alachua, FL 32615

Correo electrónico: curriculum@nccer.org

En internet: www.nccer.org/olf

❑ Guía de aprendizaje ❑ AIG ❑ Examen ❑ PowerPoints Otro ____________________________

Oficio / nivel Fecha de copyright :

Número/título del módulo:

Número(s) de sección:

Descripción:

Corrección recomendada:

Su nombre:

Dirección:

Correo electrónico: Teléfono:

Prácticas de aparejamiento

ES38102-11

Los estudiantes que hayan finalizado los módulos con éxito cumplen con los requisitos para la acreditación mediante el Registro nacional de NCCER. Para obtener más información, visite **www.nccer.org** o comuníquese con nosotros al **1.888.622.3720**. Nuestro sitio web cuenta con información sobre los lanzamientos de productos y capacitaciones más recientes, así como versiones en línea de nuestro boletín informativo *Cornerstone* y el catálogo de productos de NCCER de Pearson.

Nos interesa recibir sus comentarios. Puede enviarlos a **curriculum@nccer.org**, enviar consultas y comentarios generales a **info@nccer.org** o utilizar el formulario de Actualización de usuario en la parte trasera de este módulo.

PRÁCTICAS DE APAREJAMIENTO

Objetivos

Cuando haya completado este módulo, el alumno podrá hacer lo siguiente:

1. Identificar y utilizar las señales manuales correctas de ASME para guiar al operario de grúas.
2. Identificar el aparejamiento básico y los procedimientos de seguridad de las grúas y determinar el centro de gravedad de una carga.
3. Identificar los puntos de enganche de una grúa y explicar cómo evitarlos.
4. Identificar los peligros ambientales y del lugar de trabajo asociados a las operaciones de aparejamiento.
5. Sujetar adecuadamente los implementos de aparejamiento para las elevaciones de rutina y elevaciones de tuberías.
6. Explicar la importancia de realizar cálculos de tensión de eslingas.

Tareas de desempeño

Bajo la supervisión del instructor, deberá ser capaz de hacer lo siguiente:

1. Usar e interpretar las señales manuales.
2. Determinar el centro de gravedad de una carga.
3. Sujetar adecuadamente los implementos de aparejamiento para las elevaciones de rutina y elevaciones de tuberías.

Términos clave del oficio

Apuntalado
Bloques
Centro de gravedad

Índice

Los temas que vamos a presentar en este módulo comprenden:

Figuras y tablas

1.0.0 INTRODUCCIÓN

El aparejamiento implica levantar y mover objetos pesados que a menudo son grandes. Por este motivo, la seguridad debe ser la preocupación principal en este tipo de tareas.

Una de las cosas esenciales que hace el aparejador es guiar al operario de la grúa. Comúnmente, esto se logra usando un conjunto estándar de señales manuales, las cuales deben ser memorizadas por todos los que estén involucrados en el trabajo con aparejos.

Toda persona que efectúe maniobras de aparejamiento debe saber cómo seleccionar el equipo adecuado, con la capacidad adecuada, para toda tarea que ejecute. Si no se utiliza el equipo adecuado y el método correcto de aparejamiento pueden presentarse serias consecuencias, incluso la muerte o lesión de los trabajadores y daños al equipo o a los materiales.

Toda grúa y dispositivo de elevación tiene límites de capacidad y condiciones en función de las cuales están diseñados para funcionar de forma segura. Un aparejador debe estar atento a estos límites para poder evitar que se produzca un error potencialmente fatal.

Este modulo pretende darle indicaciones sobre las precauciones básicas de seguridad y las prácticas de aparejamiento necesarias para prestar asistencia con materiales y equipo de aparejos.

2.0.0 MÉTODOS Y MODOS DE COMUNICACIÓN

Los métodos y modos de comunicación varían ampliamente según las operaciones de elevación. El método se refiere a si la comunicación es verbal (hablada) o no verbal. El modo es lo que se utiliza para facilitar la comunicación. Los modos pueden incluir, por ejemplo, un megáfono, la radio, señales manuales o banderas.

2.1.0 Modos verbales de comunicación

Los modos verbales de comunicación varían dependiendo de los requisitos de la situación. Uno de los modos más comunes de comunicación verbal es la radio portátil (walkie-talkie). Las unidades compactas, de bajo consumo y económicas, permiten al operador de la grúa y a la persona encargada de dar señales comunicarse verbalmente. Estas unidades son resistentes y confiables y se utilizan ampliamente en los sitios de construcción y en las plantas industriales.

Existen algunas desventajas al utilizar equipos económicos y de bajo consumo en un entorno industrial. Una desventaja son las interferencias. Con las unidades económicas y de bajo consumo, la frecuencia utilizada para transmitir la señal podría tener muchos otros usuarios. Esta aglomeración de frecuencia podría interrumpir la señal de una unidad más poderosa. Otra desventaja son los ruidos de fondo fuertes. Al intentar enviar una señal en un área con muchos ruidos, la persona que envía la señal podría transmitir ruido involuntario, lo cual genera una señal deformada e incomprensible. En el extremo receptor, el individuo podría no ser capaz de oír la transmisión debido al alto nivel de ruido de fondo en la cabina de la grúa.

Existen varias soluciones a los problemas asociados con el uso de un radio. Para solucionar los defectos asociados con las unidades de bajo consumo, podrían ser necesarias unidades más costosas que tengan la capacidad de programar frecuencias específicas y transmitir un nivel de potencia más elevado. Algunas de estas unidades más costosas podrían requerir licencias. Para solucionar el problema del ruido de fondo, podría ser necesario el uso de una combinación de micrófono y auricular montado en el oído que elimine el ruido (*Figura 1*).

Otra solución es el uso de un micrófono opcional para el cuello. Este dispositivo suministra el sonido transmitido directamente al oído y levanta la comunicación de voz de la mandíbula a la unión del oído. Esto evita que el ruido ingrese al micrófono y bloquee cualquier ruido de fondo para la persona que escucha. Para evitar un error en la comunicación, la radio de la persona encargada de dar señales generalmente se bloquea en la transmisión para que el operador de la grúa pueda avisar si la unidad no está transmitiendo. En cualquier momento, se debería establecer un método de retroalimentación entre la persona encargada de dar señales y el operador de la grúa para que la persona encargada de dar señales sepa que el operador de la grúa ha recibido la señal.

Otro modo de comunicación verbal es un sistema de cableado (*Figura 1*). Estas unidades solucionan algunas de las desventajas del uso de la radio. Cuando utiliza este tipo de sistema, la interferencia de otra unidad es muy poco probable porque este sistema no utiliza una frecuencia de radio para transmitir sonidos. Como en el caso de un sistema telefónico, podría haber interferencia en ocasiones si el cableado no está correctamente protegido de las transmisiones de radio muy potentes. Una unidad de cableado no es muy portátil o práctica cuando la grúa se mueve con frecuencia. Estas unidades también pueden utilizar una combinación de micrófono y auricular montado en el oído que elimina el ruido para minimizar los efectos del ruido de fondo.

2.2.0 Modos no verbales de comunicación

Existe una amplia variedad de modos no verbales de comunicación, los cuales resultan ser el método más común de comunicación utilizado cuando se llevan a cabo operaciones con grúas. Un modo es el uso de banderas de señalización, lo cual puede significar el uso de banderas de diferentes colores o la colocación de las banderas en una posición específica para comunicar el mensaje deseado. Otro modo es el uso de sirenas, timbres y silbatos, en el cual la cantidad de repeticiones y la duración del sonido representan un mensaje. La desventaja de estos dos modos es que no hay un significado establecido en ninguna de las señales distintivas, a menos que queden preacordadas entre el emisor y el receptor. También debe tener en cuenta que cuando se utilizan sirenas, timbres y silbatos, los niveles de ruido de fondo podrían ser un problema.

El modo más común de comunicación utilizado durante las operaciones de grúas son los estándares de señales manuales *ASME B30 Consensus Standards* (Estándar de Consenso de ASME B30) (vea de la *Figura 2* a la 18). De acuerdo con el estándar de ASME, el operador debe utilizar señales manuales estándar a menos que utilice un equipo de comunicación de voz. Además es necesaria la exhibición visible de una tabla con las señales manuales en el lugar de trabajo. La ventaja de utilizar estas señales manuales es que están bien establecidas y publicadas como estándar a nivel industrial. Esto significa que estas señales manuales están reconocidas por la industria como las señales manuales estándar en todos los lugares de trabajo. Esto ayuda a garantizar que haya una base común de conocimiento y un significado universal con respecto a las señales cuando se realizan operaciones de elevación. Las señales acordadas eliminan las barreras importantes para la comunicación efectiva.

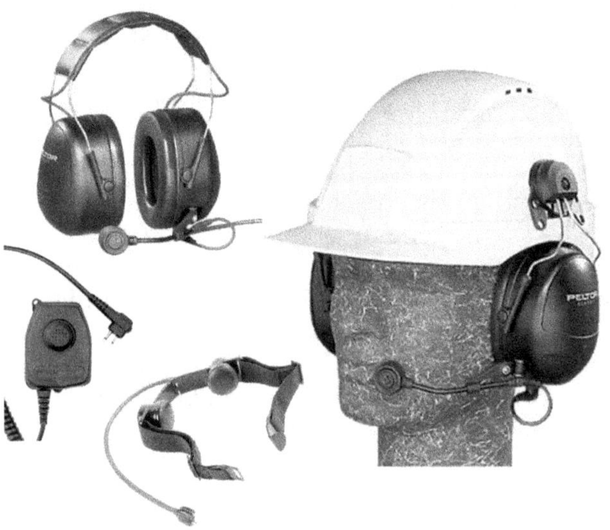

SISTEMA DE RADIO OPERADO POR VOZ (VOX) O "PRESIONAR PARA HABLAR" (PTT) CON MICRÓFONO DE ENTRADA

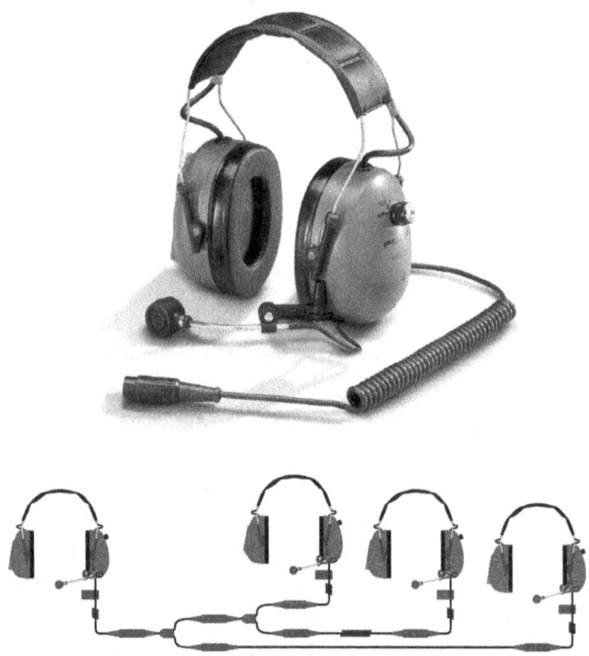

SISTEMA DE CABLEADO DOBLE CON AMPLIFICADOR EN LÍNEA Y CABLES DE EXTENSIÓN PARA COMUNICACIÓN SIMULTÁNEA DE DOS VÍAS

38102-11_F01.EPS

Figura 1 Sistemas de comunicación electrónica.

ADVERTENCIA

Si es aparente que el operador no está siguiendo la señal, indique de inmediato una señal de detención.

Podrían realizarse adiciones o modificaciones para las operaciones no cubiertas por las señales manuales ilustradas, tal como la implementación de soportes adicionales. El operador y la persona encargada de dar señales deben acordar las señales especiales antes de operar la grúa, y estas señales no deberían entrar en conflicto con cualquier otra señal estándar.

Si necesita dar instrucciones verbalmente al operador en lugar de señales manuales, deberá detener todos los movimientos de la grúa antes de hacerlo.

IZAR: con el antebrazo en posición vertical, el dedo índice apuntando hacia arriba y la mano moviéndose en pequeños círculos horizontales.

MOVIMIENTO ESPERADO DE LA MÁQUINA: la carga adherida al bloque o bola se eleva de manera vertical, y acelera y desacelera suavemente.

38102-11_F02.EPS

Figura 2 Izar.

BAJAR: con el brazo extendido hacia abajo, el índice apuntando hacia abajo y la mano moviéndose en un pequeño círculo horizontal.

MOVIMIENTO ESPERADO DE LA MÁQUINA: el bloque de carga o bola baja suavemente de manera vertical.

38102-11_F03.EPS

Figura 3 Bajar.

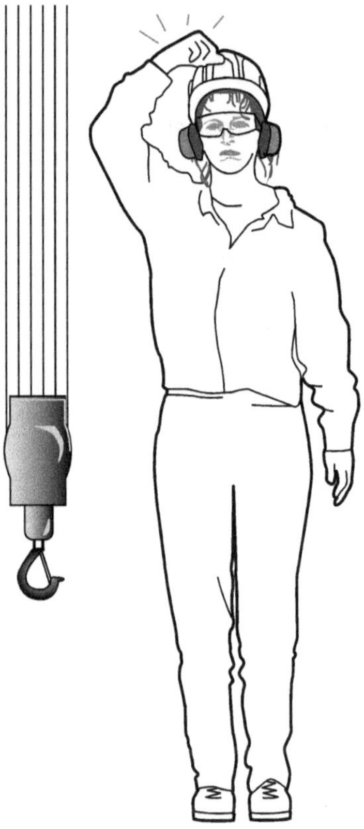

UTILIZAR EL IZADOR PRINCIPAL: coloque el puño de la mano sobre la cabeza, luego utilice las señales manuales regulares.

MOVIMIENTO ESPERADO DE LA MÁQUINA: ninguno. Esta señal se utiliza únicamente para informarle al operador que la persona encargada de dar señales ha elegido el izador principal para que se realice la acción en lugar del izador auxiliar.

38102-11_F04.EPS

Figura 4 Utilizar el izador principal.

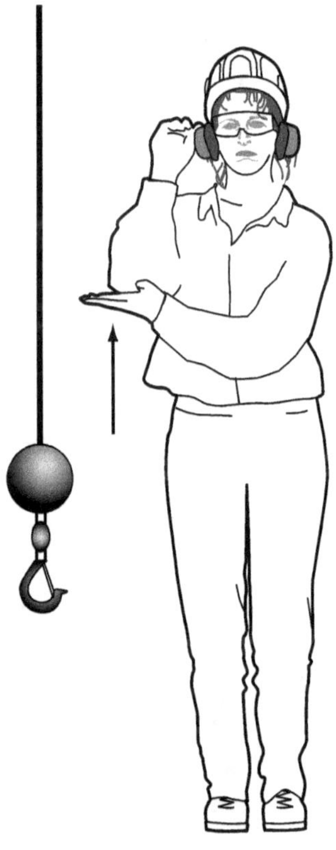

USAR EL CABLE AUXILIAR (IZADOR AUXILIAR): golpee el codo con la palma abierta de una mano, luego use una señal manual regular.

MOVIMIENTO ESPERADO DE LA MÁQUINA: ninguno. Esta señal se utiliza únicamente para informarle al operador que la persona encargada de dar señales ha elegido el izador auxiliar para que se realice la acción en lugar del izador principal.

38102-11_F05.EPS

Figura 5 Utilizar el cable auxiliar.

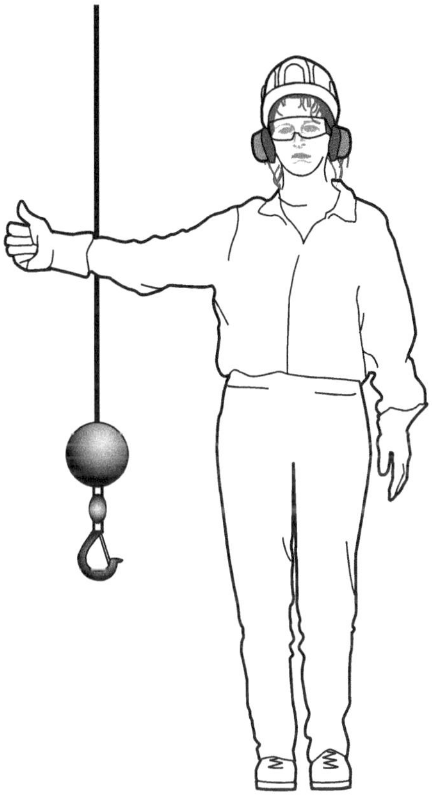

LEVANTAR LA PLUMA: brazo extendido, dedos cerrados, pulgar apuntando hacia arriba.

MOVIMIENTO ESPERADO DE LA MÁQUINA: la pluma se eleva, lo cual aumenta la altura del gancho y disminuye toda la distancia de la altura de la máquina. El radio de operación disminuye lentamente, y de esta manera, es posible que aumente la capacidad y la estabilidad de la máquina.

38102-11_F06.EPS

Figura 6 Levantar la pluma.

BAJAR LA PLUMA: brazo extendido, dedos cerrados, pulgar apuntando hacia abajo.

MOVIMIENTO ESPERADO DE LA MÁQUINA: la pluma bajará, lo cual disminuye la altura del gancho y se reduce toda la distancia horizontal de la máquina. El radio de operación aumenta lentamente, y de esta manera, es posible que disminuya la capacidad y la estabilidad de la máquina.

38102-11_F07.EPS

Figura 7 Bajar la pluma.

MOVER LENTAMENTE: usar una mano para indicar cualquier señal de movimiento y dejar la otra mano inmóvil sobre la mano que indica la señal de movimiento.

MOVIMIENTO ESPERADO DE LA MÁQUINA: el movimiento de la máquina variará según la señal que se indique.

38102-11_F08.EPS

Figura 8 Mover lentamente.

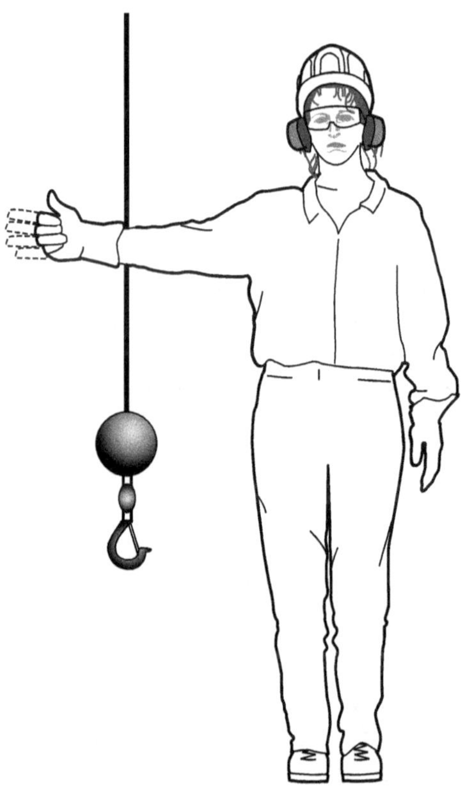

ELEVAR LA PLUMA Y BAJAR LA CARGA: brazo extendido, dedos cerrados, pulgar apuntando hacia abajo, flexionar los dedos hacia adentro y hacia afuera siempre que desee el movimiento de la carga.

MOVIMIENTO ESPERADO DE LA MÁQUINA: la pluma se eleva, lo cual disminuye toda la distancia de la altura de la máquina, mientras que la carga se mueve horizontalmente hacia la grúa. El radio de operación disminuye lentamente, y de esta manera, es posible que aumente la capacidad y la estabilidad de la máquina.

38102-11_F09.EPS

Figura 9 Levantar la pluma y bajar la carga.

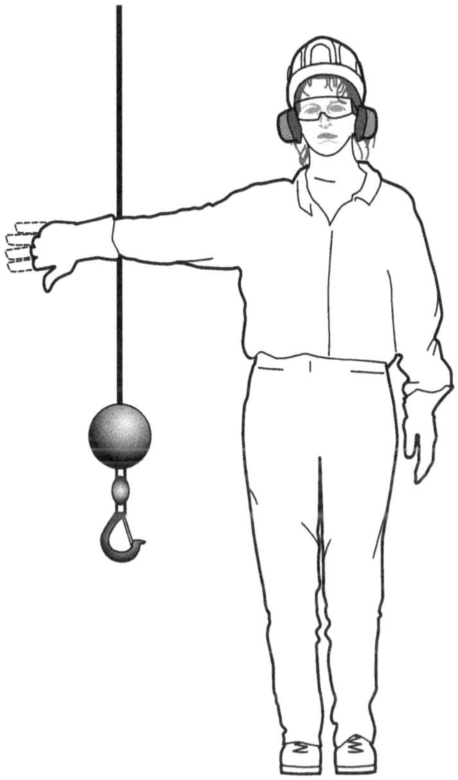

BAJAR LA PLUMA Y ELEVAR LA CARGA: brazo extendido, dedos cerrados, pulgar apuntando hacia abajo, flexionar los dedos hacia adentro y hacia afuera siempre que desee el movimiento de la carga.

MOVIMIENTO ESPERADO DE LA MÁQUINA: la pluma se baja, lo cual aumenta toda la distancia de la altura de la máquina, mientras que la carga se mueve horizontalmente alejándose de la grúa. El radio de operación aumenta lentamente, y de esta manera, es posible que se reduzca la capacidad y la estabilidad de la máquina.

38102-11_F10.EPS

Figura 10: Bajar la pluma y levantar la carga.

BALANCEAR: brazo extendido, apuntar con los dedos en dirección del desplazamiento de la pluma. (El desplazamiento hacia la izquierda se muestra según lo ve el operador). Use el brazo apropiado para la dirección deseada.

MOVIMIENTO ESPERADO DE LA MÁQUINA: la pluma se mueve hacia el centro de rotación con la carga (bloque o bola) desplazándose en arco, ya sea hacia la derecha o la izquierda, mientras que permanece aproximadamente equidistante a un plano nivelado.

38102-11_F11.EPS

Figura 11 Balancear.

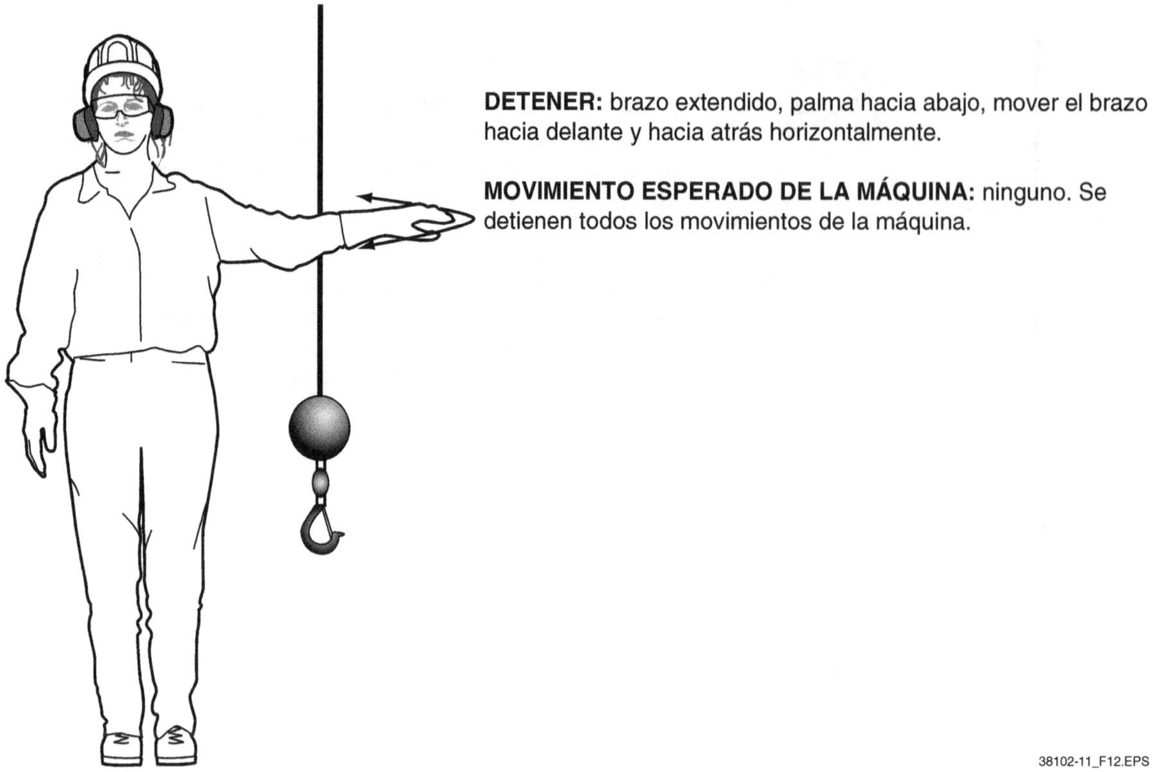

Figura 12 Detener.

Figura 13 Parada de emergencia.

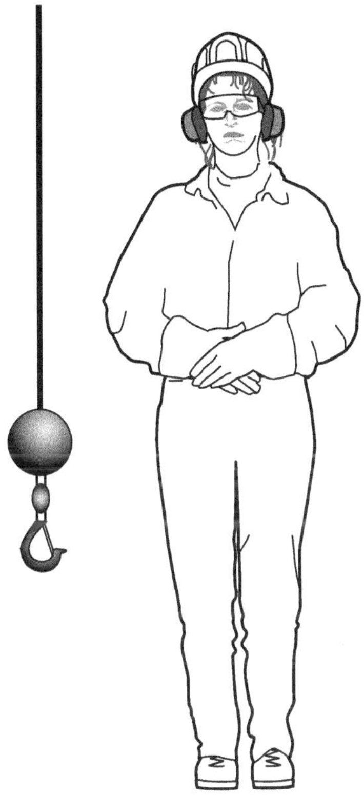

PARAR TODO: juntar las manos delante del cuerpo.

MOVIMIENTO ESPERADO DE LA MÁQUINA: ninguno.

38102-11_F14.EPS

Figura 14 Parar todo.

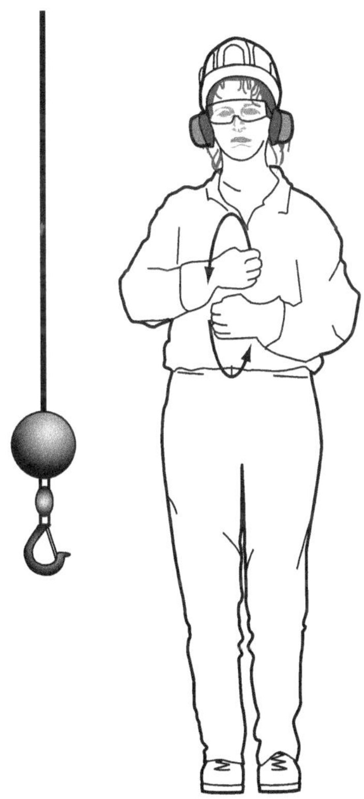

DESPLAZAR (AMBOS CARRILES): colocar ambos puños delante del cuerpo y moverlos circularmente, lo cual indica la dirección de desplazamiento (hacia adelante y hacia atrás).

MOVIMIENTO ESPERADO DE LA MÁQUINA: la máquina se desplaza en la dirección deseada.

38102-11_F15.EPS

Figura 15 Desplazar (ambos carriles).

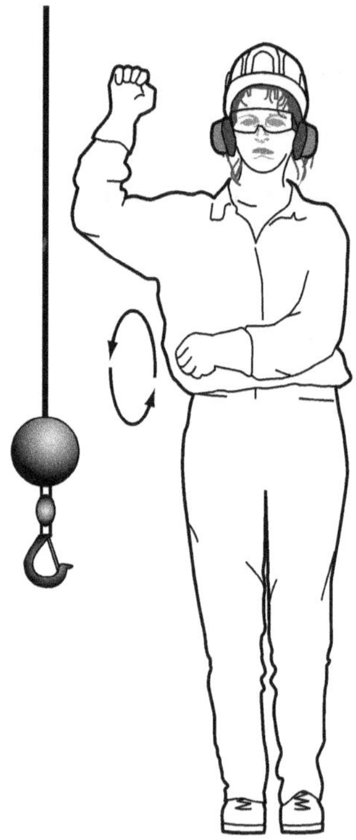

DESPLAZAR (UN CARRIL): bloquear el carril del lado del puño elevado. Desplazarse por el carril opuesto en la dirección indicada por el movimiento circular del otro puño, que rota verticalmente delante del cuerpo.

MOVIMIENTO ESPERADO DE LA MÁQUINA: la máquina se desplaza en la dirección deseada.

38102-11_F16.EPS

Figura 16 Desplazar (un carril).

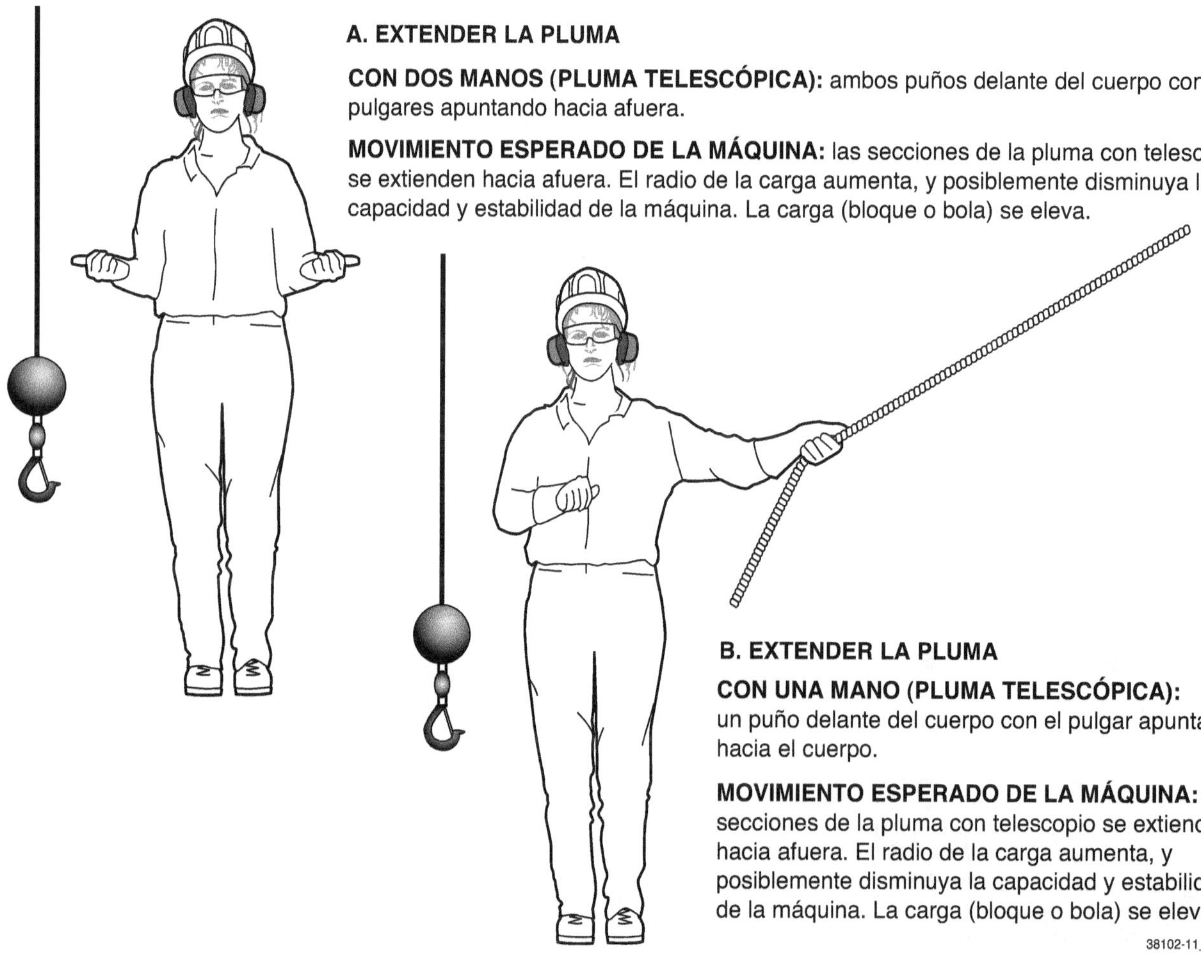

A. EXTENDER LA PLUMA

CON DOS MANOS (PLUMA TELESCÓPICA): ambos puños delante del cuerpo con los pulgares apuntando hacia afuera.

MOVIMIENTO ESPERADO DE LA MÁQUINA: las secciones de la pluma con telescopio se extienden hacia afuera. El radio de la carga aumenta, y posiblemente disminuya la capacidad y estabilidad de la máquina. La carga (bloque o bola) se eleva.

B. EXTENDER LA PLUMA

CON UNA MANO (PLUMA TELESCÓPICA): un puño delante del cuerpo con el pulgar apuntando hacia el cuerpo.

MOVIMIENTO ESPERADO DE LA MÁQUINA: las secciones de la pluma con telescopio se extienden hacia afuera. El radio de la carga aumenta, y posiblemente disminuya la capacidad y estabilidad de la máquina. La carga (bloque o bola) se eleva.

38102-11_F17.EPS

Figura 17 Extender la pluma.

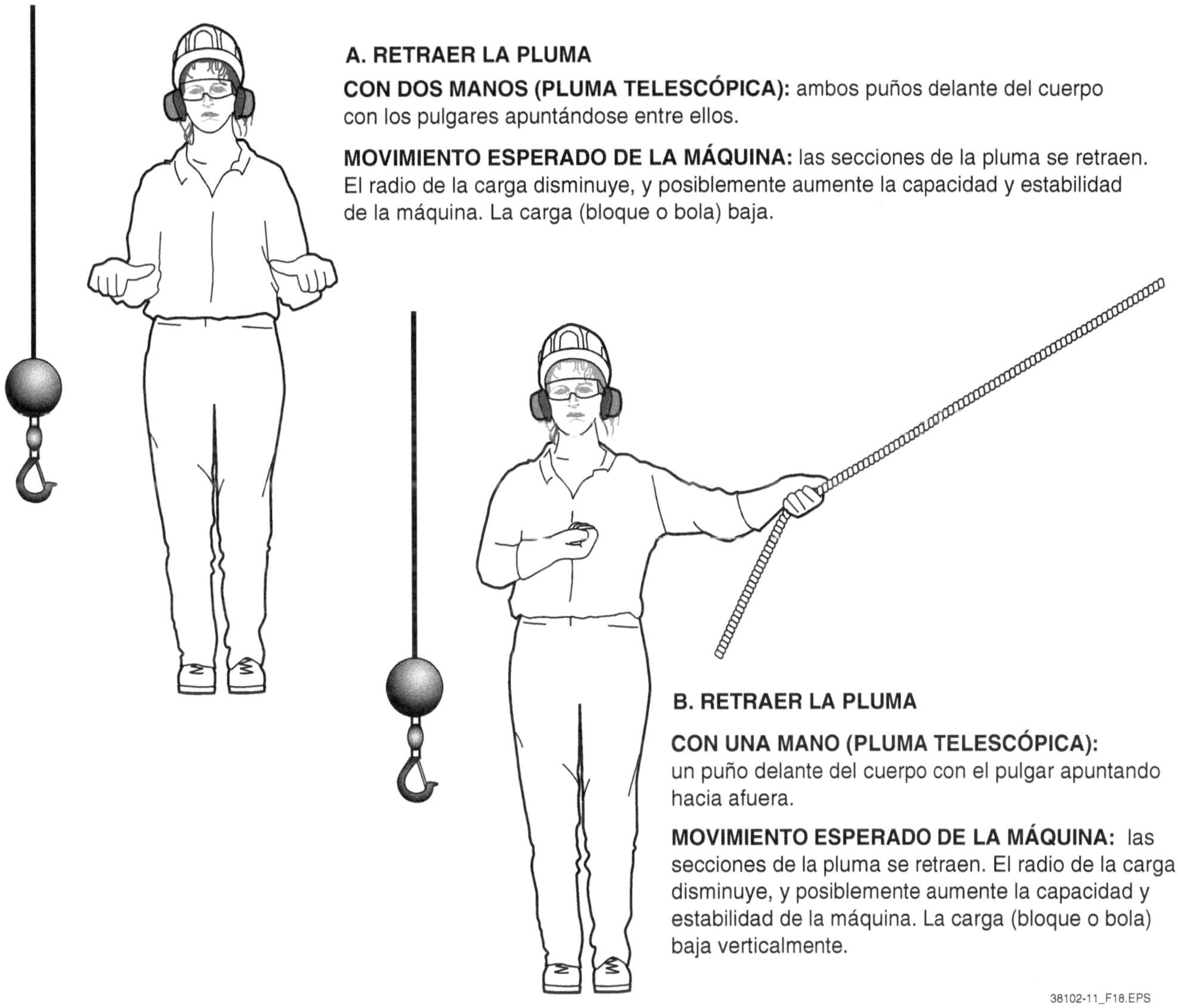

Figura 18 Retraer la pluma.

Cuando se mueva una grúa móvil sin dirección del aparejador, se deberán brindar señales de desplazamiento sonoras con la bocina de la grúa:

- *Detener*: una señal sonora
- *Hacia delante:* dos señales sonoras
- *Reversa:* tres señales sonoras

Existen ciertos requisitos que requieren la presencia de una persona encargada de dar señales. Cuando el operador de la grúa no pueda ver la carga, el área de descarga, o el trayecto de movimiento, ni pueda distinguir la distancia, es necesaria una persona encargada de dar señales. También es necesaria una persona encargada de dar señales si la grúa está operando cerca de cables de alta tensión o cuando haya otra grúa trabajando a una distancia cercana.

No todos pueden desempeñarse como una persona encargada de dar señales. Las personas encargadas de dar señales deben tener suficiente experiencia y tener conocimiento de todos los métodos de comunicación establecidos. La persona encargada de dar señales debe estar ubicada en una posición con plena visualización del operador, tener una visión completa del trayecto de la carga y comprender el trayecto de desplazamiento deseado de la carga para poder ubicarse correctamente. Además, deben usar guantes o vestimenta de gran visibilidad, deben ser responsables de mantener a todos alejados del radio de operación de la grúa y nunca dirigir la carga sobre las personas.

ADVERTENCIA

No podrá dar señales al operador de la grúa, a menos que haya sido designado como la persona encargada de dar señales.

Aunque se espera que el personal involucrado en las operaciones de elevación conozca estas señales cuando las recibe, es aceptable que una persona encargada de dar señales indique una señal verbal o no verbal a un operador que no sea parte del estándar ASME B30. En los casos donde se indican dichas señales no estandarizadas, es importante que tanto el operador como el encargado de dar señales comprendan completamente el mensaje que se quiere transmitir.

3.0.0 Seguridad general de los aparejos

Como aparejador, debe ser consciente de los peligros asociados con el oficio. Los aparejadores dirigirán los movimientos de la carga que se moverá por encima y cerca de otros trabajadores, donde las caídas de equipos y materiales pueden presentar un grave peligro para la seguridad (*Figura 19*). El aparejador también puede trabajar en condiciones climáticas extremas donde existan vientos, superficies resbalosas y zonas de trabajo sin protección. Al desempeñarse cerca de las grúas, siempre mire hacia arriba y tenga presentes los peligros que pueden encontrarse por encima o cerca de usted.

38102-11_F19.EPS

Figura 19 Peligros aéreos.

Como consecuencia de las normas más estrictas establecidas por la Administración de Seguridad y Salud Laboral de los EE. UU. (OSHA) y de una mayor cantidad de días laborales perdidos por los trabajadores de la construcción, los contratistas individuales de la industria han implementado políticas de seguridad más rigurosas.

En el lugar de trabajo es extremadamente importante ser consciente de la seguridad. La capacidad de ingresos de los trabajadores lesionados puede reducirse o desaparecer por el resto de sus vidas si no se toman las precauciones que corresponden. La cantidad de trabajadores lesionados se puede mitigar si cada uno de ellos asume el compromiso de ser consciente de la seguridad. La plena participación en los programas de seguridad del empleador es responsabilidad exclusiva del empleado.

Ser consciente de la seguridad es la clave para reducir accidentes, lesiones y muertes en el lugar de trabajo. Los accidentes se pueden evitar dado que la mayoría de ellos surge como consecuencia de un error humano. Los errores se pueden atenuar mediante el desarrollo de hábitos laborales seguros a partir de los principios de seguridad en el trabajo.

3.1.0 Protección personal

El personal que se desempeña en el lugar de trabajo es responsable de su propia seguridad y la de sus compañeros. La gerencia es responsable frente a cada trabajador de garantizar que quienes preparen y usen el equipo, así como aquellos que trabajen con él o estén a su alrededor, reciban suficiente entrenamiento sobre procedimientos de operación y prácticas de seguridad.

Siempre tenga en cuenta su entorno al trabajar con grúas. Esté alerta y sepa dónde está el equipo en todo momento al moverse y desempeñarse en la zona de trabajo.

El equipo de protección personal estándar, incluso los cascos, los zapatos de seguridad y las áreas protegidas con barricadas (*Figura 20*), forman parte de los requisitos de seguridad importantes en el lugar de trabajo.

3.2.0 Equipos y supervisión

El empleador es responsable de garantizar que todo el equipo de elevación sea manejado por operadores entrenados y con experiencia. Los aparejadores también deben ser capaces de seleccionar el equipo de aparejos y de elevación adecuado, además de dirigir el movimiento de la grúa y la carga para garantizar la seguridad de todo el personal. La planificación y supervisión

38102-11_F20.EPS

Figura 20 El personal debe estar protegido en todo momento.

de las operaciones de aparejamiento estarán a cargo del personal competente, que deberá asegurarse de lo siguiente:

- Disponibilidad de un equipo de aparejamiento adecuado.
- Disponibilidad de la capacidad de carga correcta para el material y equipo de aparejamiento.
- Que el material y equipo de aparejamiento reciban buen mantenimiento y estén en buenas condiciones de funcionamiento.

Un supervisor de aparejamiento tiene las siguientes responsabilidades:

- El adecuado aparejamiento de la carga.
- La supervisión de la cuadrilla.
- Garantizar que el material y equipo de aparejamiento cumplan con la capacidad requerida y sean seguros.
- Garantizar la instalación correcta de pernos de elevación y otros materiales y equipos de aparejamiento.
- Garantizar la seguridad de la cuadrilla de aparejamiento y el resto del personal.

3.3.0 Precauciones básicas del aparejamiento

La medida más importante del aparejamiento es determinar el peso de toda la carga antes de intentar levantarla. Cuando sea difícil calcular el peso de la carga, en el equipo de aparejos se deben agregar indicadores de carga segura o dispositivos para pesar. Es igualmente esencial aparejar la carga de manera que esté estable y el **centro de gravedad** esté debajo del gancho.

La seguridad personal de los aparejadores y los operadores de elevación depende del sentido común. Siempre respete las siguientes prácticas de seguridad:

- Siempre lea y siga las recomendaciones del fabricante para todo el equipo que utiliza. Estas recomendaciones brindan información acerca de los controles necesarios para el arranque y las inspecciones periódicas, así como las indicaciones de inspección. Además, las recomendaciones brindan información acerca de configuraciones y capacidades, junto con numerosas precauciones de seguridad y restricciones de uso.
- Determine el peso de la carga, incluso de los aparejos y el equipo, antes de comenzar las tareas. La gerencia del lugar de trabajo debe proveer esta información si la desconoce.
- Conozca el límite de carga de trabajo (WLL) del equipo y los aparejos y jamás lo exceda.
- Examine todo el equipo y los aparejos antes de usarlos. Deseche todos los componentes defectuosos.
- Informe de inmediato al supervisor la presencia de equipos defectuosos o condiciones peligrosas. Alguna persona responsable debe indicar cómo proceder después de que se hayan garantizado las condiciones de seguridad.
- Detenga las operaciones de elevación o aparejamiento cuando las condiciones climáticas presenten un riesgo para la propiedad, los trabajadores o los transeúntes, como cuando la velocidad del viento exceda las especificaciones del fabricante, cuando la visibilidad del aparejador o la cuadrilla de elevación se dificulte por la oscuridad, el polvo, la niebla, la lluvia o la nieve, o bien cuando la temperatura sea lo suficientemente baja como para que las estructuras de acero de la grúa o del izador se puedan fracturar tras algún golpe o impacto.
- Reconozca factores que puedan reducir la capacidad del equipo. Los límites de carga de trabajo para todo el equipo de elevación y aparejamiento se establecen en función de condiciones ideales. Estas condiciones se logran rara vez en virtud de las condiciones de trabajo.
- Recuerde que los límites de carga de trabajo del equipo de elevación son aplicables solo a cargas suspendidas libremente y a los cables de izaje con plomada. Las cargas laterales y cables de izaje que no tengan plomada pueden desgastar el equipo más allá de los límites para los que está diseñado y se puede producir una falla estructural sin advertencia alguna.
- Asegúrese de que el límite de carga de trabajo del equipo no se exceda si lo expone al viento.

Evite enganchar, balancear y frenar repentinamente las cargas suspendidas. La aceleración y desaceleración rápidas aumentan en gran medida la tensión del equipo y de los aparejos.

- Respete las pautas del fabricante y consulte las normas aplicables para estabilizar de manera adecuada las grúas móviles (*Figura 21*).

3.4.0 Trayectos de carga, control de carga y cables guía

Es posible que se necesite control físico de la carga más allá de la capacidad de la grúa. Los cables guía se usan para limitar el movimiento no deseado o involuntario de la carga debido a que ésta reacciona ante la movilidad de la grúa. También se emplean para permitir la rotación controlada de la carga a fin de colocarla en posición (*Figura 22*). Los cables guía se sujetan antes de levantar la carga. El aparejador verifica que la carga esté equilibrada después de levantarla.

3.5.0 Barricadas

Las barricadas siempre se deben usar para aislar el área donde se levanten objetos a fin de prevenir la posibilidad de lesiones al personal que circule por la zona. Respete siempre los requisitos individuales del lugar de trabajo para armar las barricadas de manera adecuada. En caso de dudas sobre cuál es el procedimiento correcto, pídale indicaciones al supervisor antes de proseguir con las tareas para levantar la carga. Es importante recordar que las áreas accesibles dentro del radio de desplazamiento de la parte trasera de la estructura giratoria de la grúa deben tener barricadas de manera tal que se evite que alguien quede atrapado o aplastado por la grúa (*Figura 23*).

3.6.0 Manejo de la carga en forma segura

El control eficaz y seguro de la carga implica que el aparejador observe estrictamente los requisitos de seguridad al levantar la carga. Esto implica cerciorarse de que el trayecto de desplazamiento o trayecto de la carga quede libre de personal y de obstrucciones (*Figura 24*). Mantenga libres la parte frontal y trasera de las vías de desplazamiento

38102-11_F21.EPS

Figura 21 Grúa móvil con soporte adicional.

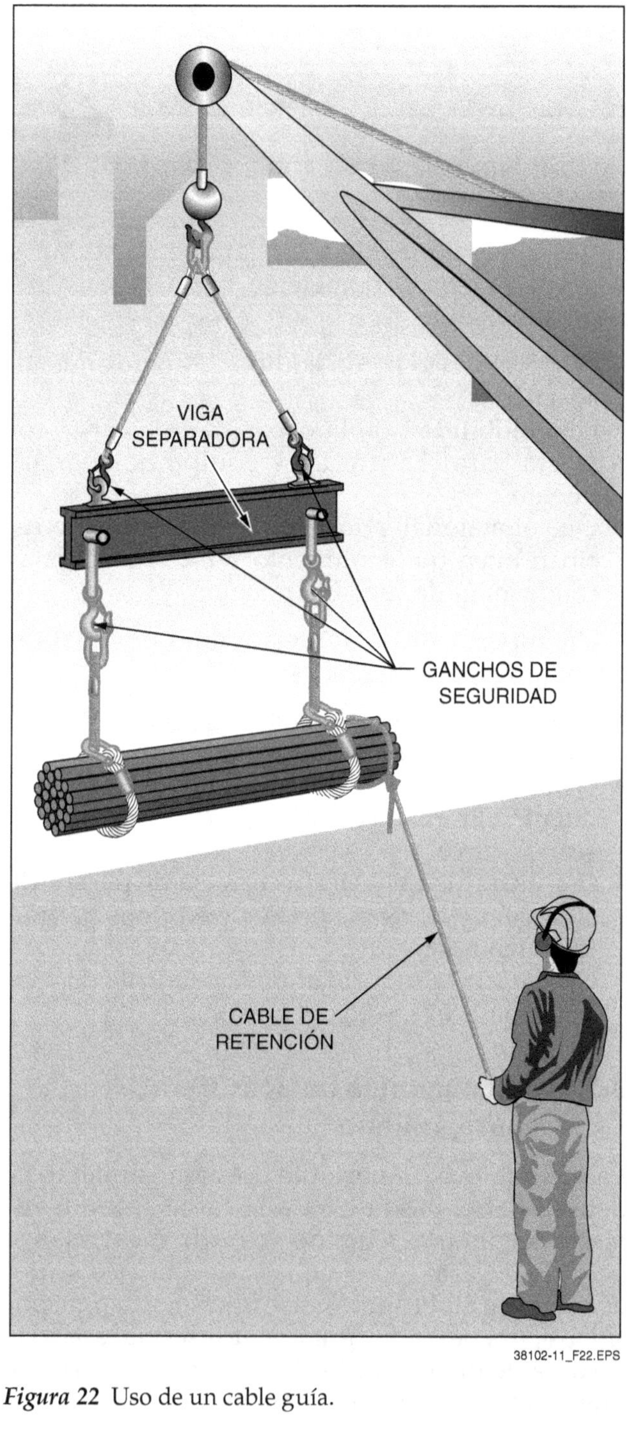

38102-11_F22.EPS

Figura 22 Uso de un cable guía.

(*Figura 25*) de la grúa cuando se levante la carga. La mayoría se fija en la carga cuando está en movimiento, lo cual no deja ver la parte trasera de la grúa cuando se acerca.

Cualquier situación donde se mueva la carga y quede cerca de una pared u otro objeto puede hacer que el área entre la carga y el objeto sea un punto de enganche. Otro posible punto de enganche relacionado es el área que se encuentra inmediatamente debajo de la carga, o el espacio entre la carga y una eslinga o cadena cuando comienza la elevación y la eslinga o cadena se engancha contra

Figura 23 Uso de barreras para aislar el área circular de desplazamiento de la grúa.

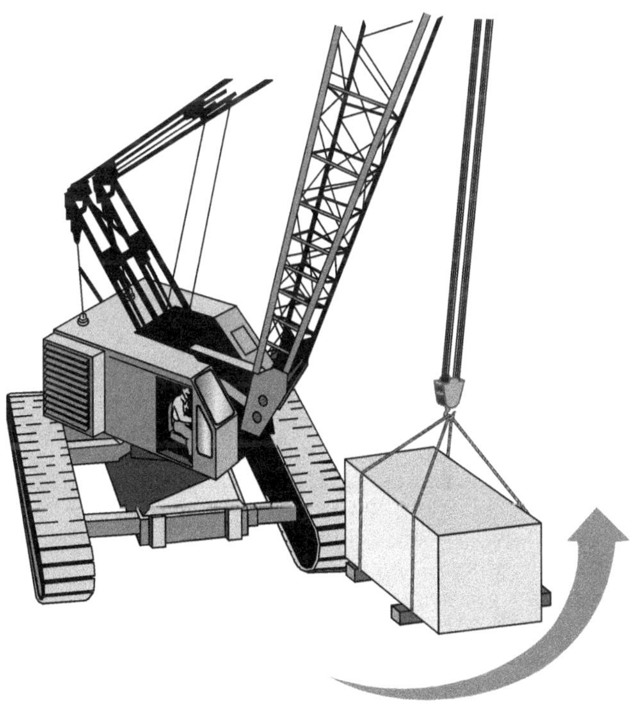

Figura 24 Vía de desplazamiento frontal.

la misma carga. Otro posible punto de enganche es el área cerca de la pluma o la polea cuando se realiza una elevación cerca de un área de trabajo, y el personal puede estar cerca de la pluma o la polea. Finalmente, cualquier lugar donde la línea pasa por encima de la pluma o cerca de la parte del mecanismo de la grúa, o donde se acercan las partes móviles, puede convertirse en un punto de enganche. Tenga cuidado en todo momento cuando cualquier parte del cuerpo esté cerca de la grúa y la carga.

Asegúrese de que la zona de descarga esté libre de personal, con la excepción de los colocadores de cables guía. También verifique que estén los **bloques** y **el apuntalado** necesarios para la carga antes de bajarla y colocarla en su lugar. La práctica de bajar la carga justo en la zona destinada y luego colocar el apuntalado y los bloques puede ser peligrosa. Nadie debería trabajar cerca de la carga. La distribución del apuntalado se puede completar en la zona de descarga antes de colocar la carga allí. Es posible que los bloques deban disponerse después de colocar la carga. En este caso, mantenga la tensión de carga en la eslinga hasta que los bloques estén colocados en forma segura. No trate de colocar la carga en el apuntalado en forma manual. Los bloques deberían estar hechos de maderas duras que estén secas y no tengan defectos, aceite y grasa. Cuando se utilicen con bases niveladoras, deberían proporcionar un cimiento nivelador para la base de las mismas. Cuando se utiliza una base niveladora para levantar un objeto de metal, debería colocarse un bloque entre el objeto y la cabeza de la base niveladora para evitar un deslizamiento. Cuando se utilizan calzos

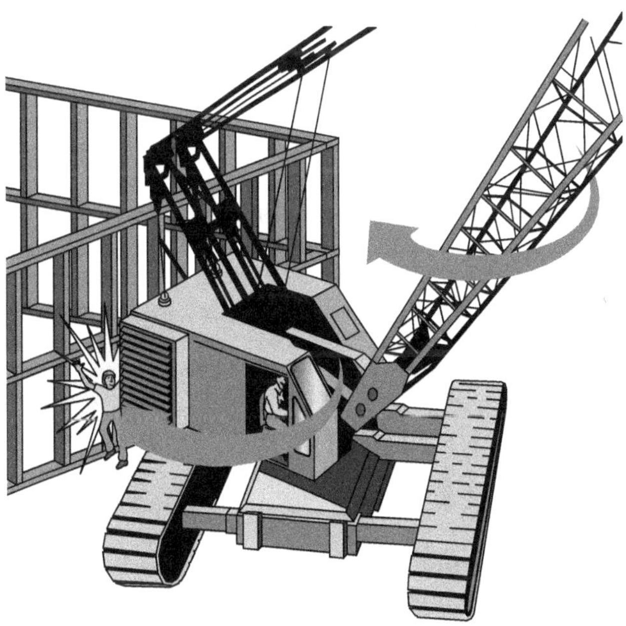

Figura 25 Vía de desplazamiento trasera.

para sostener un objeto circular, la regla general de seguridad es que se necesita una pulgada de calzo para cada pie de diámetro del objeto.

Después de que el aparejo esté en su lugar y cuando haya que manipular la carga, siga estos procedimientos:

- Antes de levantarla, asegúrese de que toda la carga esté colocada en forma segura y esté debidamente equilibrada para que no se mueva hacia los lados.
- Use uno o más cables guía para mantener la carga bajo control.
- Si se utilizan dos eslingas en una carga, el ángulo de eslinga relativo al plano horizontal debe ser superior a 45 grados.
- Apoye en forma segura y coloque adecuadamente los bloques para toda la carga antes de quitar las eslingas.
- Use vigas de elevación solo para los fines para los que fueron diseñadas. El peso y la carga de trabajo deben estar visibles en ellas.
- Jamás coloque cuerdas de izaje alrededor de la carga. Solamente use eslingas u otros dispositivos adecuados de elevación.
- No enrolle cables de distintas partes entre sí.
- Lleve el cable de la carga por encima del centro de gravedad de la carga antes de comenzar a levantarla.
- Asegúrese de que la cuerda esté correctamente apoyada sobre el tambor y en las poleas en caso que se haya aflojado la cuerda.
- Cargue y asegure los materiales y el equipo que levantará para evitar que se muevan y, en consecuencia, generen un peligro.
- Mantenga manos y pies lejos de los puntos de enganche mientras el cable se tensa.
- Use guantes al manejar los cables.
- Verifique que no haya personal cerca del área mientras se levantan y se bajan cargas o cuando se arrastran las eslingas debajo de la carga. Los ganchos pueden quedar atrapados debajo de la carga y de repente soltarse. Está prohibido sacar una eslinga de abajo de una carga que ha sido apoyada sobre la eslinga.
- Nunca se suba a una carga que esté siendo elevada.
- Nunca permita que la carga se eleve arriba de otra persona.
- Nunca trabaje debajo de una carga suspendida.
- Jamás deje la carga suspendida en el aire cuando el equipo de elevación quede sin vigilancia.
- Nunca realice reparaciones en una eslinga.
- Nunca levante cargas con uno o dos extremos de una eslinga de múltiples extremos antes de asegurar los extremos no usados de la eslinga.
- Quite o asegure todas las piezas sueltas de la carga antes de moverla.
- Baje la carga sobre los bloques adecuados para evitar daños a las eslingas.

4.0.0 Cómo trabajar cerca de cables de alta tensión

Una persona competente encargada de dar señales debe estar presente en todo momento para advertir al operador cuando alguna pieza de la máquina o de la carga se acerque a la mínima distancia de seguridad que debe existir con respecto al cable de alta tensión. El operador debe tener siempre a la vista a la persona encargada de dar señales.

A partir de agosto del 2010, los requisitos de la OSHA para la distancia mínima de seguridad con respecto a los cables de alta tensión desde una grúa que no esté en tránsito es:

- Hasta 50 kV, al menos 10 pies (3,04 m)
- Entre 50 y 200 kV, al menos 15 pies (4,57 m)
- Entre 200 y 350 kV, al menos 20 pies (6,09 m)
- Entre 350 y 500 kV, al menos 25 pies (7,62 m)
- Entre 500 y 750 kV, al menos 35 pies (10,66 m)
- Entre 750 y 1000 kV, al menos 45 pies (13,71 m)
- Más de 1000 kV, establecido por el dueño del servicio o un ingeniero calificado

Para una grúa en tránsito, sin carga y el mástil bajo, los espacios mínimos se muestran en la sección Grúas en tránsito de la *Tabla 1*. La sección de la *Tabla 1* que muestra la Grúa en operación brinda las cifras mínimas para el voltaje máximo de cada grupo. La zona prohibida y la zona que se debe evitar se muestran en la *Figura 26*.

ADVERTENCIA

La causa más frecuente de muerte para los aparejadores y los encargados de materiales es la electrocución causada por el contacto de la pluma de la grúa, los cables de carga o la carga con los cables de alta tensión. Para evitar lesiones personales o la muerte, permanezca alejado de los cables de alta tensión. Aún si se usan o se requieren protecciones de la pluma, enlaces de aislamiento o dispositivos de advertencia de proximidad, estos dispositivos no alteran las precauciones brindadas en esta sección.

Lo mejor para trabajar es lograr que el responsable de los cables de alta tensión desactive la corriente y coloque la descarga a tierra en aquellos que sean visibles para el operador de la grúa. Cuando eso no sea posible, respete los siguientes procedimientos y precauciones en caso de que alguna parte de la pluma alcance el cable de alta tensión:

Tabla 1 Espacio a dejar cerca de un cable de alto voltaje

GRÚA EN FUNCIONAMIENTO (1)	
CABLES DE ALTA TENSIÓN (kV)	ESPACIOS MÍNIMOS DE LA PLUMA O EL MÁSTIL (pies)
De 0 a 50	10 pies (3,04 m)
De 50 a 200	15 pies (4,57 m)
De 200 a 350	20 pies (6,09 m)
De 350 a 500	25pies (7,62 m)
De 500 a 750	35 pies (10,66 m)
De 750 a 1000	45 pies (13,71 m)
GRÚA EN TRÁNSITO (sin carga y con la pluma o el mástil bajos) (2)	
CABLES DE ALTA TENSIÓN (kV)	ESPACIOS MÍNIMOS DE LA PLUMA O EL MÁSTIL (pies)
De 0 a 50	4 pies (1,22 m)
De 50 a 345	10 pies (3,04 m)
De 345 a 750	16 pies (4,87 m)

Nota: condiciones ambientales tales como la niebla, el humo o las precipitaciones pueden requerir de espacios más amplios.

38102-11_T01.EPS

- Asegúrese de que se haya preparado la constancia de identificación de cables de alta tensión (ver el Apéndice) o elemento equivalente.
- Coloque barricadas que no conduzcan electricidad para restringir el acceso al área de trabajo.
- Si fuera necesario, use cables guía no conductores para el control de la carga.
- La personas calificadas encargadas de dar señales, cuya responsabilidad es verificar que se establezca y mantenga la distancia adecuada, estarán en constante comunicación con el operador de la grúa.
- Las personas responsables de la operación alertarán y advertirán al operador de la grúa y a quienes trabajen alrededor de ésta de los peligros de quedar electrocutado o sufrir lesiones graves; además, les indicarán cómo evitar tales riesgos.
- Se le prohibirá permanecer en la zona de trabajo de la grúa a todo el personal que no sea esencial.
- Ninguna persona podrá tocar la grúa o la carga, salvo que la persona encargada de dar señales indique que es seguro hacerlo.

Si la grúa o la carga entran en contacto o quedan enganchadas en los cables de alta tensión, se deberá suponer que tienen corriente eléctrica salvo que visiblemente tengan descarga a tierra. Cualquier otra suposición puede resultar fatal.

Si la grúa queda en contacto con alguna fuente de corriente eléctrica, deberán seguirse las siguientes indicaciones:

- El operador debe permanecer en la cabina de la grúa, salvo en caso de un incendio.
- No permita que nadie toque la grúa ni la carga.
- Si fuera posible, el operador debe invertir el movimiento de la grúa para interrumpir el contacto con la corriente eléctrica de los cables de alta tensión.

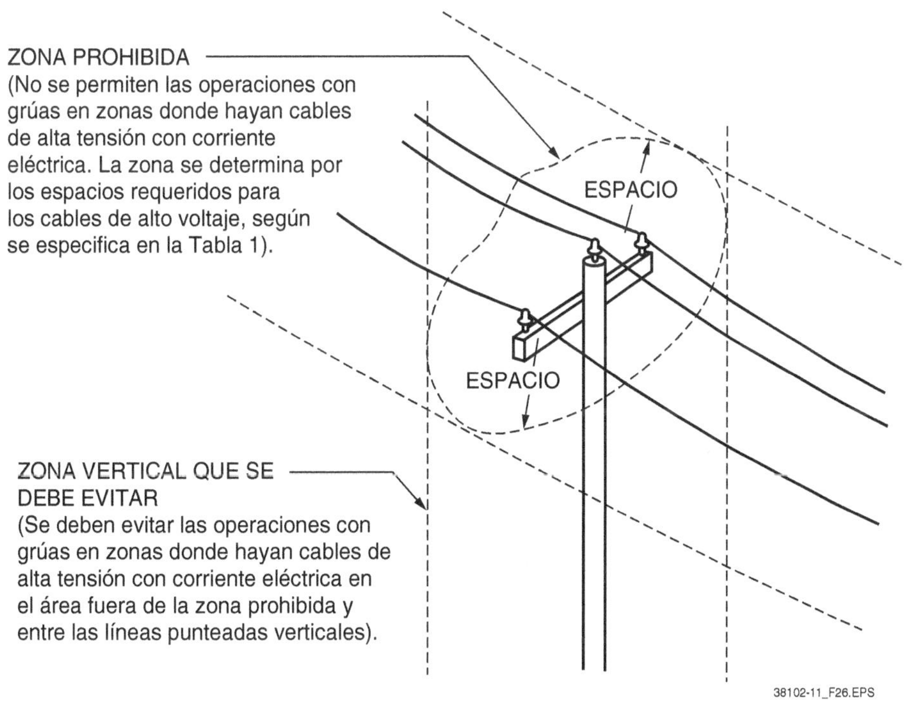

Figura 26 Zona prohibida y zona que se debe evitar.

- Si el operador no puede permanecer en la cabina a raíz de un incendio o la formación de arcos eléctricos, debe saltar de la grúa y aterrizar en el suelo con ambos pies juntos. Una vez fuera de la grúa, debe dar pasos muy pequeños o saltar con los pies juntos hasta que se encuentre a una distancia considerable de ella.
- Llame a la autoridad local de electricidad o al responsable de los cables de alta tensión.
- Pida que se verifique que los cables estén seguros y tengan una conexión adecuada a tierra a la vista del operador antes de permitir que alguna persona se acerque a la grúa o a la carga.

ADVERTENCIA

Los transmisores, como las torres de radio, también pueden representar un peligro. Éstos crean energía poderosa de frecuencia de radio (FR) que puede hacer que el voltaje peligroso provoque una explosión cerca de la grúa. La OSHA establece que el transmisor no debe tener corriente en tales situaciones o que se deben utilizar métodos adecuados de conexión a tierra para proteger a los trabajadores. En dichas circunstancias siempre consulte con su supervisor o algún funcionario encargado de la seguridad en el lugar de trabajo.

Mientras que los voltajes de FR de los transmisores no plantean un peligro de electrocución como los cables de alta tensión, pueden provocar chispas sobre cualquier objeto o persona. Las chispas pueden causar incendios o explosiones de combustible o materiales inflamables. También pueden originar dolorosas quemaduras o descargas eléctricas al personal que entre en contacto con la grúa o la carga que ésta siendo elevada.

5.0.0 SEGURIDAD DEL LUGAR DE TRABAJO

Para evitar lesiones o muertes es necesario un esfuerzo en conjunto de todas las personas que intervienen en las operaciones con grúas. Para operar la grúa en forma segura se deben respetar los riesgos y restricciones del lugar de trabajo, al igual que los requisitos del fabricante.

ADVERTENCIA

Las líneas eléctricas y condiciones ambientales tales como el clima son causas frecuentes de lesiones e incluso de muerte durante las operaciones con grúas.

5.1.0 Riesgos y restricciones del lugar de trabajo

Hay muchos riesgos y restricciones del lugar de trabajo relacionados con las operaciones con grúas. Entre ellos se pueden mencionar los siguientes:

- Servicios subterráneos tales como gasoducto, oleoducto, líneas de electricidad o telefónicas; tuberías de desagüe y alcantarillado; y tanques bajo tierra.
- Tuberías eléctricas o transmisores de alta frecuencia.
- Estructuras tales como edificios, excavaciones, puentes y contrafuertes.

El operador y los aparejadores deben inspeccionar el área de trabajo para identificar riesgos o restricciones que puedan afectar la operación segura de la grúa. Esto incluye las siguientes medidas:

- Asegurarse de que el terreno pueda soportar a la grúa y a la carga.
- Verificar que haya un camino seguro para mover la grúa alrededor del lugar de trabajo.
- Asegurarse de que la grúa pueda girar en los cuadrantes requeridos para lo que se planea levantar.

El operador debe seguir las recomendaciones del fabricante y todas las restricciones establecidas localmente para las operaciones con grúas, tales como restricciones de horario por reducción de ruido o las consideraciones del tráfico.

6.0.0 RESPUESTA ANTE UNA EMERGENCIA

Los operadores y aparejadores deben reaccionar en forma rápida y correcta ante cualquier falla en el funcionamiento de la grúa o situación de emergencia que pueda surgir. Deben conocer las respuestas adecuadas ante situaciones de emergencia. La primera prioridad es evitar lesiones y pérdidas de vida. La segunda prioridad es evitar los daños al equipo o a las estructuras que lo rodean.

6.1.0 Incendios

El sentido común es fundamental para determinar la respuesta correcta ante incendios. La primera respuesta consiste en detener la operación de la grúa y, si el tiempo lo permite, bajar la carga y asegurar la grúa. En todos los casos de incendio, evacue el área aún cuando no pueda bajar la carga o no pueda asegurar la grúa. Luego de notificar a los servicios de emergencia, una persona calificada podrá juzgar si el fuego puede combatirse con un extintor. Un extintor puede ser eficiente para contrarrestar un fuego pequeño en su etapa inicial, pero se puede perder el control del fuego muy rápidamente. No se confíe demasiado y tenga presente que la prioridad número uno es evitar la pérdida de vidas y las lesiones a las personas. Hasta los bomberos entrenados que utilizan los mejores equipos pueden verse superados y resultar heridos por el fuego.

6.2.0 Fallas durante las operaciones de elevación

Las fallas mecánicas durante las operaciones de elevación pueden ser muy graves. Si una falla hace que el radio se incremente inesperadamente, la grúa puede volcar o la estructura puede derrumbarse. Las cargas también se pueden caer durante las fallas mecánicas. La pérdida repentina de la carga de la grúa puede ocasionar un efecto latigazo que haga volcar la grúa o hacer que la pluma se quiebre.

La posibilidad de que este tipo de fallas ocurra se ha reducido enormemente en las grúas modernas, gracias a los sistemas redundantes y los resguardos de seguridad. Sin embargo, las fallas ocurren, de modo que hay que mantenerse alerta en todo momento.

Si ocurre un problema mecánico, el operador debe bajar inmediatamente la carga. A continuación, el operador debe asegurar la grúa, colocar una etiqueta de fuera de servicio en los controles, e informar el problema al supervisor. La grúa no deberá operar hasta que sea reparada por un técnico calificado.

6.3.0 Climas peligrosos

Las operaciones con grúas móviles suelen tomar lugar al aire libre. En ciertas condiciones ambientales, tales como el calor o frío extremo o los vientos fuertes, el trabajo puede resultar incómodo y posiblemente peligroso. Por ejemplo, la nieve y la lluvia pueden tener efectos drásticos en el peso de la carga y en la compactación del suelo. Durante el invierno, los neumáticos, soportes adicionales y las orugas se pueden congelar en el suelo. Esto puede hacer que el operador o aparejador lleguen a la conclusión falsa de que la grúa se encuentra en tierra firme. De hecho, a medida que se agrega peso al elevar la carga, es posible que el soporte adicional flote, o que los neumáticos o las orugas se hundan debajo de la superficie congelada. La lluvia intensa puede hacer que el suelo debajo de la grúa se torne inestable, lo cual provocará un desequilibrio de la grúa a raíz de la erosión o falta de compactación del suelo. Hay otras cuestiones específicas de las que hay que ser consciente cuando se trabaja en tales condiciones adversas.

6.3.1 Vientos fuertes y rayos

Los vientos fuertes y los rayos pueden ocasionar problemas graves en el lugar de trabajo (*Figura* 27). Hay riesgos climáticos importantes y se deben considerar seriamente. Los operadores de grúas y los aparejadores deben estar preparados para controlar las condiciones climáticas extremas a fin de evitar accidentes, lesiones y daños. Normalmente, los vientos fuertes y los rayos no llegan en forma imprevista. Esto les da tiempo a los operadores y aparejadores para reaccionar de manera apropiada.

En general, los vientos fuertes comienzan con ráfagas de menor intensidad. Los operadores y aparejadores deben estar atentos a los cambios en las condiciones climáticas, tales como el cambio en el viento, para determinar si el clima se torna peligroso. Ante los vientos fuertes, el operador debe asegurar las operaciones de la grúa lo más pronto posible. Esto implica colocar la pluma en la posición más baja posible y asegurar la grúa. Una vez hecho esto, todo el personal debe permanecer en un lugar cerrado, lejos de la grúa.

Dado que las plumas de la grúa se extienden en lo alto y están hechas de metal, es fácil que los rayos las alcancen. Los operadores y aparejadores deben ser siempre conscientes de esta amenaza. Comúnmente, los rayos se pueden detectar a varias millas de distancia. Como regla general, cuando se escuchan truenos, los rayos que se asocian a ellos están entre 6 y 8 millas (entre 9,65 y 12,87 km) de distancia. No obstante, tenga en cuenta que el impacto sucesivo de los rayos puede llegar hasta las 8 millas (12,87 km) de distancia. Esto significa que una vez que escuche truenos o vea rayos, estará lo suficientemente cerca como para generar un peligro.

En algunas zonas de alto riesgo, los sensores de proximidad advierten cuando caen rayos dentro de un radio de 20 millas (32,18 km). Una vez que se da la advertencia y se ven rayos, las operaciones de la grúa se deben asegurar tan pronto como sea posible, para lo cual se deben seguir las recomendaciones del fabricante.

Una vez que finalicen las operaciones con la grúa, todo el personal debe permanecer en un lugar cerrado, lejos de la grúa. Siempre aguarde un mínimo de 30 minutos desde la última vez que se haya visto algún rayo o se hayan escuchado truenos antes de retomar las actividades.

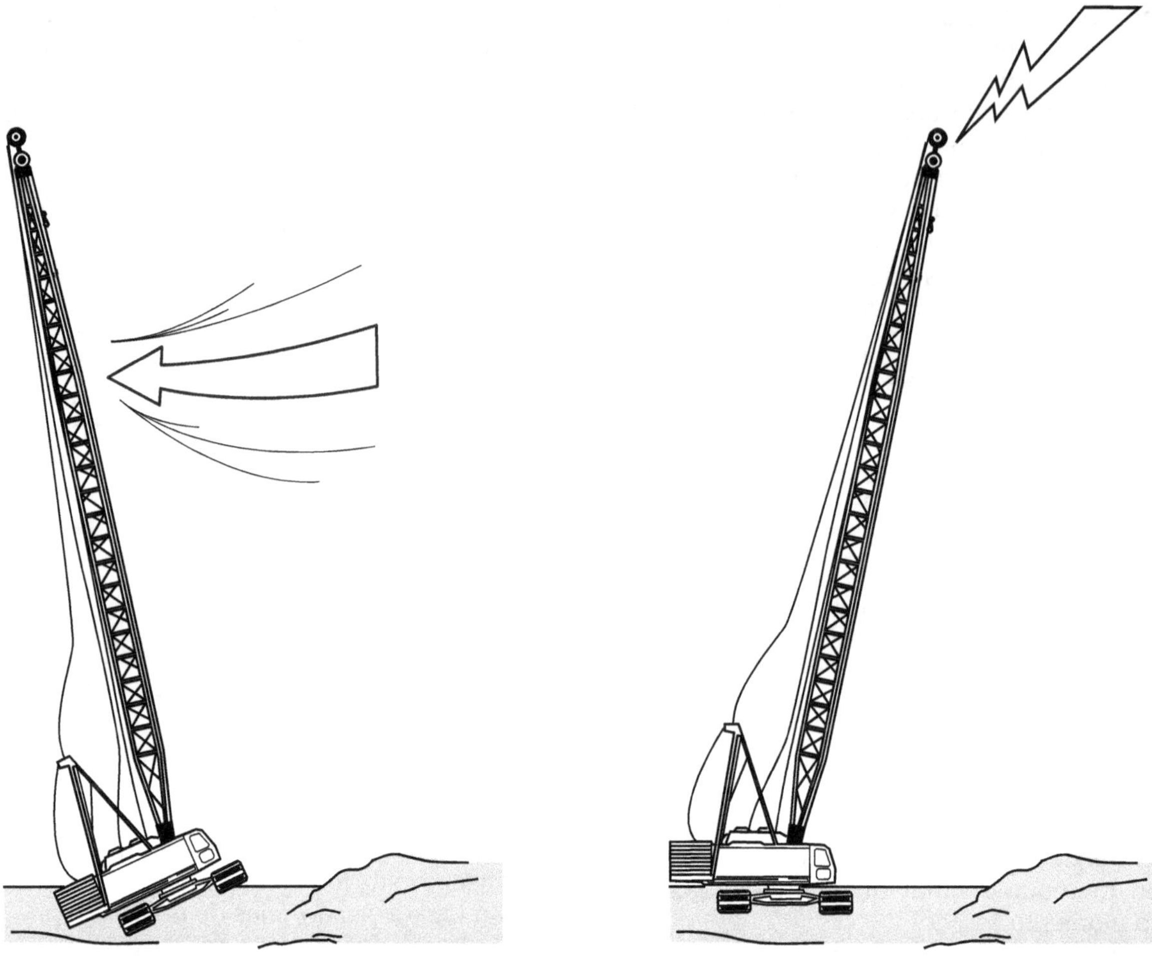

Figura 27 Peligros causados por el viento y los rayos.

> **ADVERTENCIA**
>
> Aun cuando la pluma se encuentre en la posición más baja, puede estar más alta que las estructuras de los alrededores, convirtiéndose en un blanco para los rayos.

6.3.2 Clima frío

La cantidad de lesiones ocasionadas por la exposición a temperaturas anormalmente bajas depende de la velocidad del viento, la duración de la exposición, la temperatura y la humedad. El congelamiento aumenta con el viento y la humedad o con una combinación de estos dos factores.

Siga estas indicaciones para prevenir lesiones tales como el congelamiento en climas extremadamente fríos:

- Vístase siempre con ropa adecuada.
- Limite su exposición tanto como sea posible.
- Tome con frecuencia breves períodos de descanso.
- Manténgase en movimiento. Ejercite los dedos de las manos y de los pies, pero no de manera excesiva.
- No beba alcohol antes de la exposición al frío. El alcohol puede disminuir su sensibilidad al frío y hacer que no sea consciente de la sobreexposición.
- No se exponga a un clima extremadamente frío si alguna parte de su ropa o de su cuerpo está húmeda.
- No fume antes de la exposición al frío. La respiración puede resultar dificultosa si el aire está extremadamente frío. Fumar puede empeorar el efecto.
- Aprenda a reconocer los síntomas de la sobreexposición y el congelamiento.
- Coloque las manos frías debajo de la ropa seca contra el cuerpo, por ejemplo en las axilas.

6.3.3 Síntomas y tratamiento de la exposición al frío

Si vive en un lugar de clima frío, es muy probable que se vea expuesto al mismo cuando trabaje.

Pasar largos períodos de tiempo expuesto al frío puede ser peligroso. Es importante conocer los siguientes síntomas de la exposición al clima frío y cómo tratarlos:

- Temblores
- Entumecimiento
- Baja temperatura corporal
- Adormecimiento
- Debilidad muscular

Siga estos pasos para tratar la exposición al frío:

Paso 1 Vaya a un área interna templada lo más rápido posible.

Paso 2 Quítese la ropa húmeda o congelada y todo lo que pueda ajustarse, como collares, relojes, anillos y cinturones.

Paso 3 Entíbiese poniéndose más ropa o envolviéndose con una cobija.

Paso 4 Beba líquidos calientes, pero no beba alcohol.

Paso 5 Fíjese si hay congelamiento. Si encuentra congelamiento, busque ayuda médica de inmediato.

6.3.4 Síntomas y tratamiento del congelamiento

El congelamiento es una lesión ocasionada por la exposición a elementos fríos. Ocurre cuando se forman cristales en los fluidos y por debajo de los tejidos blandos de la piel. La nariz, las mejillas, las orejas, los dedos de las manos y de los pies son los que normalmente resultan afectados. La piel afectada puede verse levemente enrojecida antes de que el congelamiento se produzca. Los síntomas del congelamiento son los siguientes:

- La piel se torna blanca, gris o amarillo cera. El color indica un daño profundo del tejido. Muchas veces, las víctimas no son conscientes del congelamiento hasta que otra persona reconoce la piel pálida y lustrosa.
- Se siente un hormigueo en la piel y luego viene el entumecimiento.
- El dolor en la zona afectada comienza y se detiene.
- Aparecen ampollas en el área.
- La zona congelada se hincha y se siente pesada.

Para tratar el congelamiento siga los siguientes pasos:

Paso 1 Proteja la zona congelada de un nuevo congelamiento.

Paso 2 Entibie la parte congelada lo más pronto posible.

Paso 3 Busque atención médica inmediatamente.

6.3.5 Clima cálido

El clima cálido puede ser tan peligroso como el clima frío. Cuando los trabajadores se exponen al calor excesivo, corren el riesgo de sufrir un calentamiento. Las siguientes condiciones están asociadas con el exceso de calor:

- *Agotamiento por calor:* el agotamiento por calor se caracteriza por la piel pálida, fría y húmeda; sudor intenso con náuseas y probables vómitos; pulso rápido y débil; posibles desvanecimientos.
- *Calambres por calor:* los calambres por calor ocurren después de un ataque de agotamiento por calor. Los calambres se caracterizan por dolor abdominal, náuseas y mareos. La piel se vuelve pálida, con sudor intenso, movimientos musculares involuntarios e intensos calambres en los músculos.
- *Insolación:* la insolación constituye una emergencia súbita de amenaza de vida que requiere atención médica urgente. Se caracteriza por dolor de cabeza, náuseas y problemas visuales. La temperatura corporal puede llegar a los 106 °F (41,11 °C). Además de esto, la piel estará caliente, enrojecida, seca; la respiración será lenta y profunda; pueden presentarse convulsiones y pérdida de la conciencia.

Observe las siguientes indicaciones cuando trabaje en clima cálido, para prevenir el agotamiento por calor, los calambres o la insolación:

- Beba gran cantidad de agua.
- No realice esfuerzos excesivos.
- Vista ropa liviana.
- Mantenga su cabeza cubierta y proteja su rostro.
- Tome breves períodos de descanso con frecuencia.
- Descanse en la sombra siempre que sea posible.

A continuación se indican los pasos de primeros auxilios en un caso de agotamiento por calor:

Paso 1 Retire a la persona del calor.

Paso 2 Acueste a la víctima y levante sus piernas de seis a ocho pulgadas (de 15 a 20 centímetros aproximadamente).

Paso 3 Si la víctima tiene náuseas, acuéstela de costado.

Paso 4 Afloje su ropa y retire cualquier vestimenta abrigada.

Paso 5 Colóquele trapos fríos y húmedos.

Paso 6 Abanique a la víctima pero deténgase si comienza a temblar o si la piel de la persona se eriza.

Paso 7 Déle a la víctima medio vaso de agua para beber cada 15 minutos si está totalmente consciente y si puede tolerarla.

Paso 8 Si la condición de la víctima no mejora en los próximos minutos, llame a servicios médicos de emergencia.

Si usted u otra persona experimentan calambres por calor, sigas estas pautas:

- Siéntese o recuéstese en un área fresca.
- Beba medio vaso de agua cada 15 minutos.
- Estire y masajéese suavemente los músculos acalambrados.

A continuación se indican los pasos de primeros auxilios en un caso de insolación:

Paso 1 Llame a servicios médicos de emergencia inmediatamente.

Paso 2 Retire a la persona del calor.

Paso 3 Haga que la victima se recueste boca arriba.

Paso 4 Si la víctima tiene náuseas, acuéstela de costado.

Paso 5 Mueva todos los objetos cercanos, ya que la insolación puede producir convulsiones.

Paso 6 Enfríe a la víctima abanicándola, rociándole agua fría, cubriéndola con una sábana mojada o pasándole un paño mojado.

Paso 7 Si la víctima está lo suficientemente alerta, y no siente náuseas, sírvale pequeñas cantidades de agua fría (un vaso cada 15 minutos).

Paso 8 Coloque bolsas de hielo debajo de las axilas y el área de la ingle.

7.0.0 ELEVAR PESO CON ESLINGAS

Realizar una elevación requiere de un profundo conocimiento de los pesos y las capacidades de todos los equipos involucrados en la elevación. El peso mismo es el último número para determinar cuáles deben ser las capacidades. El uso de eslingas para elevar un objeto requiere de una comprensión de la capacidad de la eslinga. Sin embargo, debe quedar claro que el uso de pares de eslingas verticales no brinda la misma fuerza que el uso de pares de eslingas que tiran en ángulo entre sí.

Esta diferencia se basa en el hecho de que parte de la fuerza en cada eslinga está sosteniendo la carga horizontalmente entre las dos eslingas. Parte de la fuerza también se dirige directamente hacia abajo. La fuerza (tensión) sobre la eslinga es por lo tanto mayor que la mitad del peso mismo. Un par de eslingas donde cada una está calificada para levantar 1000 libras (453,59 kg) no serán necesariamente capaz de levantar 2000 libras (907,18 kg) juntas. Si las dos eslingas están en ángulo entre sí, la tensión sobre cada eslinga será mayor a 1000 libras (453,59 kg). La cantidad aumentará a medida que las eslingas se acerquen al horizontal. Más adelante en este entrenamiento se discutirá el cálculo de la diferencia de peso para diferentes ángulos, pero es importante comprender que cada eslinga en un par de eslingas que se encuentran en ángulo entre sí no se encuentra bajo la mitad del peso de la carga.

El centro de gravedad (CG, por sus siglas en inglés) de un objeto es el punto alrededor del cual se concentra el peso del objeto. El CG es aquel lugar donde el peso de un lado, por la longitud de ese lado del CG, es equivalente al peso del otro lado del objeto por la distancia hasta el otro extremo del objeto. En otras palabras, el CG es el fulcro de una palanca. La manera más sencilla de determinar el CG de muchos objetos, especialmente objetos con un lado horizontal, es experimentar levantando el objeto algunas pulgadas del piso en un mismo punto. Si el objeto se inclina, el punto por donde cuelga el objeto no se encuentra directamente encima del CG. Cuando el objeto cuelga nivelado, el CG se encuentra verticalmente debajo del punto desde donde cuelga el objeto (*Figura 28*).

8.0.0 TUBERÍA DEL APAREJAMIENTO

Las siguientes secciones explican cómo determinar el peso de una carga de tubería, y cómo bloquear, enganchar, elevar y equilibrar la carga. También se proporcionan pautas para bajar una carga de tubería.

8.1.0 Determinar el peso de la tubería

El peso de la tubería debe determinarse antes de elevarla. Cada pie de la tubería pesa una cierta cantidad, dependiendo del grosor de la pared y del tamaño nominal de la tubería. Por lo tanto, si conoce el peso por pie y el número total de pies, se puede determinar el peso total de la elevación. La *Tabla 2* indica los pesos de la tubería de acero de carbono.

Los números en la columna de la izquierda representan el tamaño nominal de la tubería en pulgadas. Las designaciones y los números en la parte superior representan el grosor de la pared, o cédula. Para usar la tabla, encuentre el punto en el cual se encuentran el tamaño nominal y el grosor de la pared de la tubería que se utilizarán. El número en este bloque es el peso de un pie de la tubería. Para encontrar el peso total, multiplique el número total de pies por el peso por pie.

Por ejemplo, para encontrar el peso de un tubo de acero de carbono cédula 40 de 20" (50,80 cm) que tenga 10' (3,04 m) de longitud, lea la tabla desde el 20 en la columna de tamaño nominal de

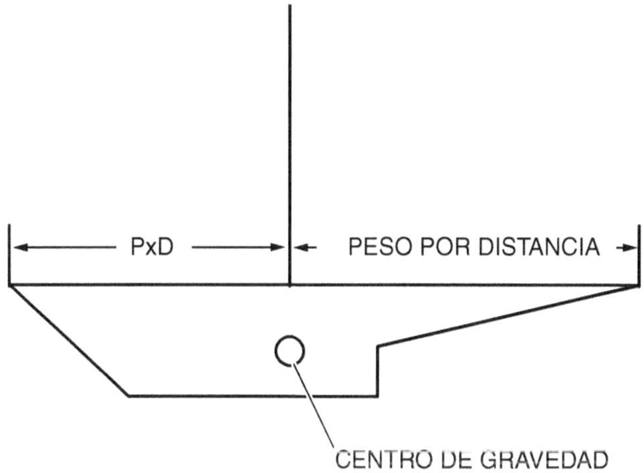

Figura 28 Centro de gravedad.

Tabla 2 Pesos de la tubería de acero de carbono

Tamaño nominal del tubo (pulgadas) [centímetros]	Espesor de la pared								
	STD	**XS**	**XXS**	**10**	**40**	**60**	**80**	**120**	**160**
	Peso por pie (en libras) [kilogramos]								
2 [5,08]	3.65 [1,65]	5.02 [2,27]	9.03 [4,96]	-	3.65 [1,65]	-	5.02 [2,27]	-	7.06 [3,20]
2,5 [6,35]	5.79 [3,79]	7.66 [3,57]	13.7 [6,21]	-	5.79 [2,62]	-	7.66 [3,47]	-	10.01 [4,54]
3 [7,62]	7.58 [3,43]	10.25 [4,65]	18.58 [7,19]	-	7.58 [3,44]	-	10.25 [4,65]	-	14.31 [6,49]
3,5 [8,89]	9.11 [4,13]	12.51 [5,67]	22.85 [10,36]	-	9.11 [4,13]	-	12.51 [5,67]	-	-
4 [10,16]	10.79 [4,89]	14.98 [6,79]	27.54 [12,49]	-	10.79 [4,89]	-	14.98 [6,79]	18.98 [8,61]	22.52 [10,21]
6 [15,24]	18.97 [8,60]	28.57 [12,96]	53.16 [24,11]	-	18.97 [8,60]	-	28.57 [12,96]	36.42 [16,52]	45.34 [20,57]
8 [20,32]	28.55 [12,95]	43.39 [19,68]	72.42 [32,85]	-	28.55 [12,95]	35.66 [16,17]	43.39 [19,68]	60.69 [27,53]	74.71 [33,89]
10 [25,40]	40.48 [18,36]	54.74 [24,83]	104.1 [47,22]	-	40.48 [18,36]	54.74 [24,83]	64.40 [29,21]	89.27 [40,49]	115.7 [52,48]
12 [30,48]	49.56 [22,48]	65.42 [29,67]	125.5 [56,93]	-	53.56 [24,29]	73.22 [33,21]	88.57 [40,17]	125.5 [56,93]	160.3 [72,71]
14 [35,56]	54.57 [24,75]	72.09 [32,70]	-	36.71 [16,65]	63.37 [28,74]	85.01 [38,56]	106.1 [48,13]	150.8 [68,27]	189.2 [85,82]
16 [40,64]	62.58 [28,38]	82.77 [37,54]	-	42.05 [19,74]	82.77 [37,54]	107.5 [48,76]	136.6 [61,96]	192.4 [87,27]	245.2 [111,22]
18 [45,72]	70.59 [32,19]	93.45 [42,39]	-	47.39 [21,50]	104.8 [47,54]	138.2 [62,68]	170.8 [77,47]	244.1 [110,72]	308.6 [139,98]
20 [50,80]	78.60 [35,65]	104.1 [47,22]	-	52.73 [23,92]	123.1 [55,84]	166.5 [75,52]	208.9 [94,76]	296.4 [134,44]	379.1 [171,96]
22 [55,88]	86.61 [39,37]	114.8 [52,72]	-	58.07 [26,34]	-	197.4 [89,54]	250.8 [113,76]	353.6 [160,39]	451.1 [204,62]
24 [60,96]	94.62 [42,91]	125.5 [56,93]	-	63.41 [28,76]	171.20 [77,66]	238.3 [108,91]	296.5 [134,49]	429.5 [194,82]	542.1 [245,89]
26 [66,04]	102.6 [46,53]	136.2 [61,78]	-	85.73 [38,89]	-	-	-	-	-
28 [71,12]	110.6 [50,25]	146.9 [66,63]	-	93.41 [41,92]	-	-	-	-	-
30 [76,20]	118.7 [53,84]	157.5 [71,44]	-	99.08 [44,94]	-	-	-	-	-
32 [81,28]	126.7 [57,47]	168.2 [76,29]	-	105.8 [47,99]	229.9 [104,28]	-	-	-	-
34 [86,36]	134.7 [61,98]	178.9 [81,15]	-	112.4 [50,98]	244.6 [110,95]	-	-	-	-
36 [91,44]	142.7 [64,72]	189.6 [86,00]	-	119.1 [54,23]	282.4 [128,94]	-	-	-	-
42 [106,68]	166.7 [75,61]	221.6 [100,52]	-	-	330.4 [149,87]	-	-	-	-

38102-11_T02.EPS

la tubería hasta que llegue a la columna de cédula 40. El número allí encontrado es 123,1. Este es el peso, en libras, de un pie de tubería. Multiplique este número por 10 para encontrar el peso total de la tubería. La tubería pesa 1.231 libras (558 kg).

8.2.0 Bloques

Cada elemento en el lugar de trabajo, incluidas las vigas de acero estructural, la maquinaria y las tuberías, debe colocarse sobre bloques o material de estiba. Los bloques deberían ser de madera dura, preferentemente roble. Deberían ser lo suficientemente gruesos para proteger al objeto del contacto con el piso y para permitirle al aparejador deslizar una eslinga debajo de la carga.

La tubería colocada sobre bloques requiere de cuñas para impedir que la tubería ruede y caiga de los bloques. Las tuberías de gran diámetro requieren de calzos para impedir que rueden. La regla general sobre los calzos es que debería haber una pulgada (2,54 cm) de calzo por un pie (0,30 m) de diámetro. Por lo tanto, una tubería de 42" (106,68 cm) requiere de un calzo de aproximadamente 3 ½" (8,89 cm) de grosor.

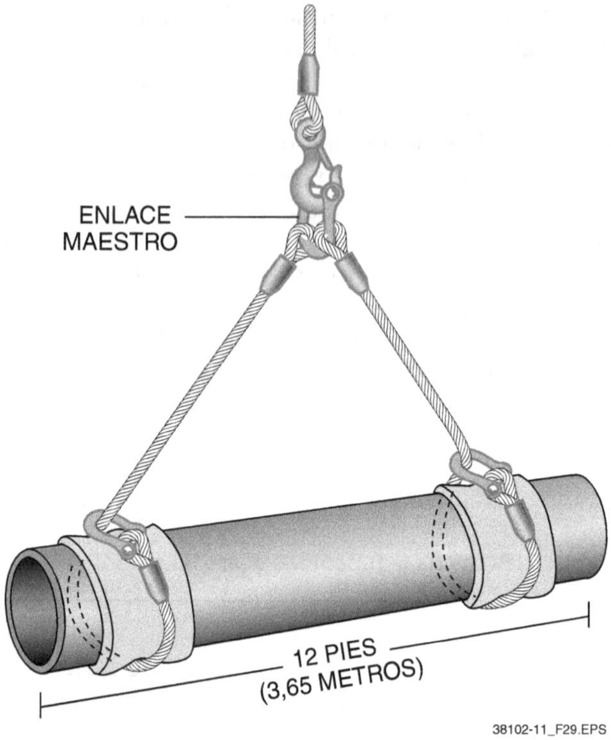

Figura 29 Enganche de estrangulación doble.

8.3.0 Obstrucción

Cuando se apareja un elemento de más de 12 pies (3,65 m) de largo, la regla general es usar dos enganches de obstrucción con espacio suficiente entre ellos para lograr la estabilidad necesaria para transportar la carga (*Figura 29*).

Para levantar un bulto de elementos sueltos o mantener la carga en determinada posición durante el transporte puede ser útil recurrir al enganche con obstrucción de doble vuelta (*Figura 30*). Este tipo de enganche se logra envolviendo la eslinga por completo alrededor de la carga y luego enrollando nuevamente el extremo de obstrucción, pasándolo por el ojal como si se tratara de un enganche de obstrucción convencional. Esto permite que el peso de la carga ejerza una acción de constricción que la fija al medio del enganche y la sostiene con firmeza en su lugar cuando la levantan.

Presionar el enganche hacia abajo aumentará enormemente la tensión ejercida sobre la eslinga en el punto de obstrucción. Para ganar poder de agarre, utilice un enganche con obstrucción de doble vuelta. Este tipo de enganche usa el peso de la carga para lograr fuerza de constricción, de modo que no hace falta presionar la eslinga hacia abajo para ajustarla más.

Se utiliza comúnmente para levantar paquetes con elementos, como tuberías y piezas de acero estructural. También mantiene la carga en una determinada posición, razón por la cual es ideal para realizar elevaciones para la instalación de equipos. Para las cargas con más de 12 pies (3,65 m) de largo se necesitan dos de estos enganches.

Siga las siguientes pautas al obstruir una carga de tuberías:

- Las tuberías de la misma longitud se deben levantar juntas. Si se deben levantar tuberías de diversa longitud, se levantarán aquellas que presenten el mismo largo por separado.
- Coloque las tuberías en bloques para que las eslingas se puedan ubicar alrededor de la carga.
- Utilice dos enganches de obstrucción para levantar tuberías. Esto permite lograr una elevación nivelada y garantiza que las tuberías no se deslicen fuera de la eslinga. Asegúrese de que ambas eslingas sujeten todas las tuberías.
- Cerciórese de que la parte abierta del gancho esté lejos del centro al usar eslingas con ganchos fijos o corredizos.
- No use eslingas de acero de carbono en tuberías pintadas o de acero inoxidable porque provocará contaminación cruzada entre metales. Utilice eslingas con redes de nylon para las tuberías de acero inoxidable.

8.4.0 Elevación

Siga estas instrucciones para elevar una carga de tuberías:

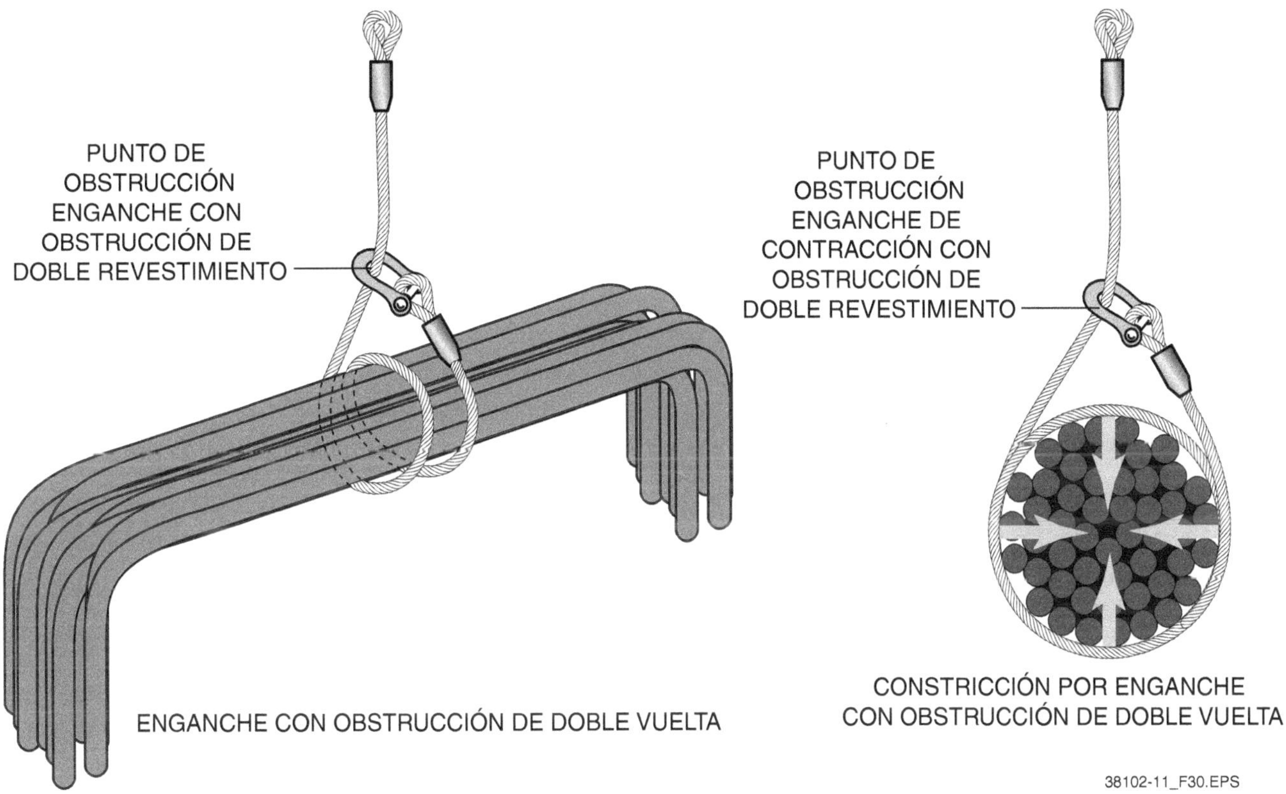

Figura 30 Enganche con obstrucción de doble vuelta y constricción por enganche con obstrucción de doble vuelta.

- Use el gancho y el cable de elevación de la grúa como el cable central con el cual se debe alinear la carga.
- Asegúrese de controlar el ángulo de la pluma de la grúa para cerciorarse de que la carga no se mueva hacia delante o hacia atrás cuando se aplique tensión al cable.
- Párese cerca de la carga y en un lugar donde el operador pueda verlo con claridad y haga las señales manuales adecuadas, para los ajustes necesarios. Nunca se pare debajo de la carga.
- Tan pronto como la carga se eleve, verifique su orientación. Si no está nivelada, haga señales al operador para que detenga la operación y guíe la carga nuevamente sobre los bloques para corregir la posición de las eslingas.
- Maneje todas las cargas con un cable guía.
- Mantenga la carga tan cerca del suelo como sea posible.

8.5.0 Descarga

Siga estas instrucciones para bajar la carga:

- Almacene todos los tubos en el suelo nivelado.
- Coloque la carga sobre bloques que sean lo suficientemente largos y gruesos como para soportar la carga.
- Párese a un costado de la carga, y guíela sobre los bloques. Muévase hasta el extremo de la carga antes de liberar el aparejamiento.
- Asegúrese de que las eslingas puedan retirarse una vez que se coloca la carga sobre los bloques.
- Recuerde que una carga de tubos rodará cuando se haya liberado la tensión. Aléjese de los puntos de enganche, y no se pare en una posición donde la tubería pueda rodar hacia usted.
- Fije los costados de la tubería para impedir que ruede.
- Coloque la tubería de lado a lado. Si fuera posible, no apile los tubos.

9.0.0 Válvulas de aparejamiento

Aparejar una válvula correctamente implica conocer dónde se coloca la eslinga, cómo colocar la eslinga, qué tipo de eslinga utilizar y qué tipo de válvula se elevará. Primero, determine el material del cual está hecho la válvula. No utilice una eslinga de acero de carbono para aparejar una válvula de acero inoxidable. Utilice eslingas sintéticas para aparejar válvulas de acero inoxidable.

Para aparejar una válvula correctamente, coloque una eslinga sintética en cada lado de la carcasa de la válvula entre el bonete y las bridas. Lleve las eslingas hacia arriba a través de la rueda de mano para que la válvula no pueda inclinarse de adelante hacia atrás, y de esta manera el peso de la válvula quedará uniformemente apoyado por el cuerpo de la válvula. No coloque una eslinga alrededor de la rueda de mano o a través de la válvula. La rueda de mano no está hecha para soportar el peso de la válvula. No es seguro colocar una válvula alrededor de la rueda de mano, aún cuando la válvula solo se moverá una distancia corta. Colocar una eslinga a través de la válvula destruirá el funcionamiento interno de la válvula, aunque se utilicen eslingas blandas y sintéticas.

10.0.0 Pautas para descargar y colocar los materiales en la zona de almacenaje

El fabricante ordena varillas de refuerzo y otros componentes de acero estructural. La entrega de estos materiales se fija comúnmente para que coincida con el programa de construcción. El acero estructural y reforzado generalmente llega al lugar de trabajo en camiones con plataforma o tractores con remolque. Si el lugar de trabajo cuenta con una vía auxiliar, las entregas se pueden recibir a través de vagones con plataforma o cabina. Cuando la entrega de acero esté programada para que cumpla con los requisitos diarios, los camiones se dirigirán a los puntos de localización. Los trabajadores deben conocer los factores de seguridad necesarios para manejar, almacenar y levantar los materiales estructurales en forma segura y eficaz.

Hay cuadros disponibles para la mayoría de los tipos de materiales para que los aparejadores puedan calcular el peso de una carga. La *Tabla 3* muestra un ejemplo de este tipo de cuadro. Al conocer el número de varillas de refuerzo y sus longitudes, el aparejador puede calcular fácilmente el peso de la carga. La *Tabla 2* proporciona información similar sobre tuberías.

10.1.0 Descarga

Los camiones deben descargarse sin demora para evitar obstrucciones en el lugar de trabajo y posibles peligros para la seguridad. Los materiales estructurales que se almacenan en el suelo se deben colocar en vigas de madera u otros bloques adecuados para mantenerlas libres de lodo y permitir su manejo fácil y seguro.

Las varillas y otros materiales estructurales normalmente se almacenan por tamaño y forma, y por longitud dentro de cada tamaño. Se colocan etiquetas en el mismo extremo de cada pieza para poder identificarlas fácilmente. Cuando se abre un paquete y se retira parte del material, la unidad con la etiqueta debería permanecer con el paquete, y debería colocarse un nuevo número que indique el inventario restante. Se debe quitar con un solvente el aceite o la grasa de las máquinas que se junte en el material. Se debe lavar todo el lodo antes de guardarlo.

Podría ser necesaria una barra separadora cuando se descarguen paquetes de varillas o material similar. Generalmente están hechas de una armadura

Tabla 3 Varillas de refuerzo estándar en pulgadas-libras y en el sistema métrico según las normas ASTM

Tamaño de la barra		Características nominales*					
		Diámetro		Área transversal		Peso	
Unid. métricas	(pulg.-libras)	mm	[pulgadas]	mm	[pulgadas]	kg/m	[libras/pies]
#10	[#3]	9,5	[0,375]	71	[0,11]	0,560	[0,376]
#13	[#4]	12,7	[0,500]	129	[0,20]	0,944	[0,668]
#16	[#5]	15,9	[0,625]	199	[0,31]	1,552	[1,043]
#19	[#6]	19,1	[0,750]	284	[0,44]	2,235	[1,502]
#22	[#7]	22,2	[0,875]	387	[0,60]	3,042	[2,044]
#25	[#8]	25,4	[1,000]	510	[0,79]	3,973	[2,670]
#29	[#9]	28,7	[1,128]	645	[1,00]	5,060	[3,400]
#32	[#10]	32,3	[1,270]	819	[1,27]	6,404	[4,303]
#36	[#11]	35,8	[1,410]	1006	[1,56]	7,907	[5,313]
#43	[#14]	43,0	[1,693]	1452	[2,25]	11,38	[7,65]
#57	[#18]	57,3	[2,257]	2581	[4,00]	20,24	[13,60]

*Las características nominales equivalentes de las barras en pulgada-libra son los valores que se indican entre corchetes.

38102-11_T03.EPS

fabricada, una pieza de tubería de alta resistencia, o una viga en L.

Los cables guía son necesarios al levantar bultos. Los cables guía guían la carga mientras la levanta. Para este fin normalmente se usan cuerdas. Levantar objetos de manera segura requiere de un operador de grúa calificado y una persona autorizada encargada de dar señales. Los operadores siguen las instrucciones de esta última a través de señales manuales, radios o auriculares telefónicos.

10.2.0 Cómo usar las eslingas

Nunca levante un paquete de barras con vueltas (wraps) de cable que se utilicen para sujetar los paquetes juntos. Las eslingas se deben emplear para levantar paquetes. Elija la eslinga adecuada para el material que levantará. Verifique el peso de cada paquete que figure en el conocimiento de embarque y asegúrese de que los tamaños de las eslingas con cable, los ganchos y grilletes sean seguros. Para levantar la carga se deben seleccionar eslingas lo suficientemente fuertes.

La carga que se colocará en cada una de ellas dependerá de la cantidad de eslingas, el ángulo respectivo y la carga total. Aunque el peso total levantado se puede dividir entre las eslingas que sostienen la carga, la fuerza que ésta ejerce es hacia abajo. Cuanto mayor sea el ángulo de la eslinga, mayor tensión tendrá. Si el cable de elevación y las eslingas son del mismo material y tamaño, la tensión en cada eslinga deberá ser menor o igual a la del cable de izaje. Esto significa que la fuerza del cable de izaje determina la máxima capacidad para levantar la carga de la combinación.

Si se usan dos eslingas para levantar paquetes de hierro estructural, siempre coloque los bucles en la misma dirección. Si el bucle se coloca desde el lado opuesto de la eslinga, el paquete girará al levantarlo, lo cual será menos seguro y causará problemas cuando se retiren las varillas del paquete. Si fuera posible, envuelva dos veces las eslingas para ayudar a evitar que éstas y los elementos en el paquete se deslicen.

RESUMEN

Una de las tareas más importantes que realiza un aparejador es guiar al operador de la grúa durante una elevación. En algunas instancias, se utilizarán comunicaciones de radio. En otras, será necesario utilizar las señales manuales *ASME B30 de Estándar de Consenso.* Tanto el aparejador como el operador deben conocer estas señales de memoria.

La selección y ajuste del equipo de elevación, los cables para enganchar la carga que se levantará o moverá, como también su colocación en la posición adecuada son todas tareas del proceso denominado aparejamiento. Llevar a cabo este proceso en forma segura y eficaz demanda elegir el equipo adecuado para cada tarea de elevación, comprender los peligros para la seguridad y saber cómo prevenir accidentes. Los aparejadores deben considerar con sumo cuidado el equipo y las herramientas de su oficio porque sus vidas pueden depender de su funcionamiento correcto.

El tamaño de la grúa y las inmensas cargas que maneja crean un gran potencial de peligro para cualquier persona que se encuentre en sus inmediaciones. El operador de la grúa y los aparejadores deben tener el reparo de asegurarse de que la grúa evite tocar cables de alta tensión y que el personal del lugar de trabajo no se exponga al peligro cuando se mueva la grúa o la carga. Debido al riesgo de vuelco, es importante cerciorarse de que la grúa esté al nivel del suelo con soportes adicionales abiertos, si correspondiera, antes de levantar la carga.

Preguntas de repaso

1. La principal ventaja de un sistema de comunicación de cableado es _____.
   a. el bajo costo
   b. la portabilidad
   c. menos interferencia de radio
   d. facilidad de uso

2. ¿Qué acción se indica al golpear su puño sobre su cabeza, y luego utilizar las señales manuales regulares?
   a. Utilizar el izador principal
   b. Bajar
   c. Utilizar el cable auxiliar
   d. Levantar la pluma y bajar la carga

3. ¿Cuál de los siguientes es un modo de comunicación no verbal?
   a. Timbre
   b. Radio portátil
   c. Megáfono
   d. Radio conectada por cables

4. Cuando la persona encargada de dar señales indica la señal "parar todo", se espera que el operador _____.
   a. gire la máquina
   b. desplace la máquina
   c. retraiga las secciones de la pluma
   d. no haga ningún movimiento con la máquina

5. Si es aparente que el operador de la grúa no ha comprendido la señal manual, la persona encargada de dar señales debería _____.
   a. subirse a la cabina y golpear la puerta
   b. buscar a un supervisor
   c. indicarle al operador que se detenga
   d. alejarse de la grúa lo más rápido posible

6. Una señal con una mano que se da con un puño delante del cuerpo y con el pulgar apuntando hacia el cuerpo de la persona encargada de dar señales significa _____.
   a. extender la pluma
   b. mover la grúa hacia mi
   c. balancear la carga hacia mi
   d. me tomo un descanso

7. Al calcular el peso de la carga *no* se deben considerar los aparejos ni el equipo relacionado.
   a. Verdadero
   b. Falso

8. La medida más importante en relación con el aparejamiento es determinar el peso de toda la carga antes de intentar levantarla.
   a. Verdadero
   b. Falso

9. El límite de carga de trabajo del equipo de elevación se aplica solo a los cables para levantar carga con plomada y _____.
   a. cargas laterales
   b. cargas suspendidas libremente
   c. cargas extremadamente pesadas
   d. cargas estabilizadas con cables guía

10. Cuando se determina el límite de carga de trabajo, esto se hace en condiciones _____.
    a. ideales
    b. promedio
    c. poco frecuentes
    d. en el peor de los casos

11. Para permitir la rotación controlada de la carga a fin de colocarla en posición se usa un(a) _____.
    a. cable guía
    b. viga igualadora
    c. cable de izaje
    d. indicador de carga segura

12. Se deben usar barricadas para asilar el área donde se levantan objetos a fin de _____.
    a. prohibir el movimiento de la grúa
    b. prevenir lesiones al personal que circule por la zona
    c. ayudar a los aparejadores a encontrar la zona donde se apoyará la carga
    d. mejorar la visibilidad de la persona encargada de dar señales

13. Los cables guía se fijan después de que el aparejador verifica que la carga está equilibrada.
    a. Verdadero
    b. Falso

14. Al usar dos o más eslingas en la carga, el aparejador se debe asegurar de que _____.
    a. el ángulo de la eslinga tenga más de 45° respecto de la posición horizontal
    b. todas las eslingas estén hechas del mismo material
    c. se usen solo las eslingas de cadena
    d. se usen solo eslingas de cable

15. La mínima distancia segura a los cables de alta tensión de hasta 50.000 voltios (o 50kV) es de _____ pies.
    a. 10 (3,04 m)
    b. 15 (4,57 m)
    c. 20 (6,09 m)
    d. 25 (7,62 m)

16. Si la pluma de la grúa toca un cable de alta tensión, el operador debe _____.
    a. saltar de inmediato de la grúa
    b. detener y apagar la grúa
    c. tratar de alejar la grúa del cable de alta tensión
    d. fijarse si el cable tiene corriente

17. Los vientos fuertes y los rayos, que plantean un riesgo para las grúas, normalmente llegan en forma imprevista.
    a. Verdadero
    b. Falso

18. La cantidad de lesiones ocasionadas por la exposición a temperaturas anormalmente bajas depende de todo lo siguiente, excepto de _____.
    a. la velocidad del viento
    b. la duración de la exposición
    c. la temperatura
    d. la altitud

19. Si se utiliza la regla general para medir calzos, una tubería de 24 pulgadas (60,96 cm) de diámetro requeriría de un calzo que tenga _____ pulgadas de grosor.
    a. 1 ½
    b. 2
    c. 2 ½
    d. 3 ½

20. La manera correcta de aparejar una válvula es _____.
    a. levantarla con la rueda de mano
    b. pasar la eslinga a través del cuerpo de la válvula
    c. colocar una eslinga sintética a cada lado del cuerpo de la válvula
    d. colocar pernos de elevación en las bridas de la válvula

Cuestionario de términos clave

Complete los espacios en blanco con el término clave correcto que aprendió durante el estudio de este módulo.

1. El punto en el cual un objeto se encuentra perpendicular y en equilibrio con respecto al campo de gravedad de la tierra se conoce como _________.
2. Las vigas de madera que se apilan en niveles alternados y se utilizan para soportar cargas pesadas se denominan _________.
3. Las piezas de madera dura que se usan para sostener y reforzar el equipo se denominan _________.

Términos clave del oficio

Apuntalado
Bloques
Centro de gravedad

Perfil del éxito

Michael Eggenberger, Sr.

Bay Limited, A Berry Company
Gerente de seguridad de las grúas

Michael se sintió inspirado para ingresar al negocio de la construcción por la excitación de ver un gran equipo de construcción y esperar algún día tener la oportunidad de operar las grúas y las excavadoras que vio. Cuando aún estaba en la escuela secundaria, tuvo la oportunidad de trabajar por las tardes y los fines de semana con una compañía en Detroit, Michigan,que se especializaba en la instalación subterránea de servicios y excavaciones de cimientos. Después de finalizar la escuela secundaria, la mayoría de sus compañeros iniciaron sus carreras con Ford, GM o Chrysler, pero Michael decidió seguir en el negocio de la construcción.

¿Qué es lo que le gusta del trabajo que realiza?
Como hace 29 años que vivo en Corpus Christi, realmente disfruto trabajar al aire libre. Tengo la oportunidad de visitar proyectos en curso en todo Estados Unidos y Canadá. Realmente disfruto viajar. Sin embargo, prefiero visitar Canadá durante los meses de verano. Las carreras en seguridad pueden ser desafiantes por momentos, especialmente cuando se trabaja con grúas porque pueden ser potencialmente peligrosas cuando no se operan correctamente.

¿Usted recomendaría una carrera en construcción?
Definitivamente lo haría y a menudo recomiendo carreras en construcción. Si las personas están dispuestas a abocarse y comprometerse, tendrán mucho éxito en la industria. Incluso en una mala economía hay dinero para la construcción y los salarios generalmente son muy buenos, además está el beneficio adicional de viajar por Estados Unidos y otros países mientras estás trabajando.

¿Qué consejo le daría a alguien que recién comienza?
El entrenamiento y la educación son vitales para sobrevivir en esta industria, especialmente el entrenamiento de seguridad. Imagínense el daño que podría causar una grúa si no se opera correctamente o de manera segura. La grúa podría fácilmente causar lesiones e incluso accidentes fatales, por lo tanto los operadores de grúas deben estar altamente entrenados.

¿Qué es para usted la habilidad del trabajador?
La habilidad del trabajador es un resultado de trabajo que se logró de manera segura, sabiamente, con mérito y un alto nivel de habilidad.

Términos clave del oficio introducidos en este módulo

Apuntalado: son vigas de madera que se apilan en niveles alternados. Se utilizan para sostener cargas pesadas.

Bloques: piezas de madera dura que se usan para sostener y reforzar el equipo.

Centro de gravedad: punto en el cual un objeto se encuentra perpendicular y en equilibrio con respecto al campo de gravedad de la tierra.

CONSTANCIA DE CONOCIMIENTO SOBRE LOS PELIGROS DE CABLES DE ALTA TENSIÓN

CONSTANCIA DE CONOCIMIENTO SOBRE LOS PELIGROS DE CABLES DE ALTA TENSIÓN

Fecha de hoy: ________ **Número de trabajo:** ______________________

Nombre del contratista:			
Dirección del trabajo:			
Número de teléfono:		**Número de fax:**	

Número del contacto de emergencia:	

Relevamiento

Antes de comenzar cualquier trabajo, primero debe evaluar su área de trabajo para saber si existen cables de alta tensión en el lugar. (Observe el esquema del lugar de trabajo en el reverso).

Identificación:

Una vez que encuentre todos los cables de alta tensión del lugar, identifique las actividades que va a llevar a cabo y que pueden poner en riesgo a usted o a sus trabajadores.
Marque una o más de las siguientes opciones:

- ☐ Grúas (móviles o montadas en un camión)
- ☐ Aparejos de perforación
- ☐ Retroexcavadoras/excavadoras
- ☐ Herramientas con mango largo
- ☐ Otras herramientas/equipos de alto alcance
- ☐ Bomba de concreto
- ☐ Elevadores aéreos
- ☐ Camiones volcadores
- ☐ Escaleras
- ☐ Manipulación y almacenamiento de materiales
- ☐ Andamiaje
- ☐ Otro ______________

Eliminación o Control

Una vez que identifique los cables de alta tensión y las actividades de alto riesgo en el lugar de trabajo, determine de qué manera se puede eliminar o controlar el riesgo de electrocución (con frecuencia, sólo se llega a una determinación satisfactoria después de consultar a la empresa de servicios públicos).

Marque una o más de las siguientes opciones:

- ☐ Trasladar la actividad
- ☐ Cambiar la actividad
- ☐ Hacer que la empresa de servicios públicos desenergice los cables de alta tensión
- ☐ Hacer que la empresa de servicios públicos traslade los cables de alta tensión
- ☐ Usar una protección de barrera (mangas con aislamiento)
- ☐ Usar un observador
- ☐ Usar líneas de advertencia con banderas
- ☐ Usar herramientas no conductoras
- ☐ Usar tecnología de protección:
  - ☐ Enlaces de aislamiento
  - ☐ Protección de la jaula de la pluma
  - ☐ Dispositivo de proximidad

Siempre mantenga la distancia de separación de seguridad mínima con respecto al cable de alta tensión, excepto cuando la empresa de servicios públicos haya desenergizado y realizado una descarga a tierra visible del cable de alta tensión

Voltajes	Distancia del cable de alta tensión
Menos de 50 kV	10 pies (3,05 m)
Más de 50 kV	10 pies (3,04 m) + (0,4 pulgadas [1,01 cm]) (n.° de kV por encima de 50 kV)

¡ADVERTENCIA!
Es ilegal hacer funcionar cualquier equipo dentro de una distancia de 10 pies (3,04 m) con respecto a cables energizados.

CONSEJO DE SEGURIDAD EN LA CONSTRUCCIÓN

38102-11_A01.EPS

Bosquejo del lugar de trabajo

(Dibuje la ubicación de los cables de alta tensión y su proximidad al lugar de construcción; incluya cosas como excavaciones propuestas, ubicación de equipos pesados, andamiaje, zonas de almacenamiento de materiales, etc.)

Completado por ______________________________ **Fecha** ____________

Puesto ______________________________

Aprobado por ______________________________ **Fecha** ____________

Puesto ______________________________

CONSEJO DE SEGURIDAD EN LA CONSTRUCCIÓN

38102-11_A02.EPS

Recursos adicionales

Este módulo presenta recursos detallados para el entrenamiento en las tareas. Para mayor información, se recomienda el siguiente material de referencia.

Crane Safety on Construction Sites (Seguridad de las grúas en construcciones), 1998. Comité de tareas para la seguridad de las grúas en sitios de construcción. Reston, VA: ASCE.

Rigging Handbook (Manual de aparejamiento), 2003. Jerry A. Klinke. Stevensville, MI: ACRA Enterprises, Inc.

Créditos de las figuras

Richard Nickel, abridor del módulo

AEARO Company, Figura 1

Topaz Publications, Inc., Figuras 19, 20 y 23

Link-Belt Construction Equipment Co., Figura 21

Consejo de seguridad en la construcción, Apéndice

CURRÍCULO DE NCCER - COMENTARIOS DEL USUARIO

NCCER hace el esfuerzo de mantener estos libros de texto actualizados y libres de errores técnicos. Apreciamos su ayuda en este proceso. Si encuentra algún error, ya sea tipográfico o de contenido, en el currículo de NCCER, haga el favor de completar este formulario (o una fotocopia de él) o el formulario en línea en **www.nccer.org/olf**. Asegúrese de incluir el número exacto del módulo, la página, una descripción detallada y la corrección recomendada. Su comentario será puesto en conocimiento del comité técnico de revisión. Gracias por su ayuda.

Instructores: si tiene una idea para mejorar este libro de texto o encontró que algún material adicional es necesario para enseñar este módulo con eficacia, por favor háganoslo saber para que podamos presentar sus sugerencias al comité técnico de revisión.

NCCER Product Development and Revision

13614 Progress Blvd., Alachua, FL 32615

Correo electrónico: curriculum@nccer.org

En internet: www.nccer.org/olf

❑ Guía de aprendizaje ❑ AIG ❑ Examen ❑ PowerPoints Otro ____________________

Oficio / nivel Fecha de copyright :

Número/título del módulo:

Número(s) de sección:

Descripción:

Corrección recomendada:

Su nombre:

Dirección:

Correo electrónico: Teléfono:

Glosario

Abrazadera de elevación: dispositivo que se usa para trasladar cargas tales como planchuelas de acero o paneles de concreto sin utilizar eslingas.

Alma: miembro de soporte central de un cable envuelto por torones.

Ángulo de la eslinga: ángulo que forman los brazos de una eslinga con respecto a la posición horizontal cuando la carga recibe tensión; ángulo de una eslinga sujetada cuando se jala de ella en relación con la carga.

Alcance de la eslinga: medida que se toma desde el eslabón maestro de la eslinga, donde soporta el peso, hasta el accesorio de extremidad de la eslinga o, bien, el punto más bajo de la canasta.

Anillo de conexión: anillo simple que se usa para sujetar varias eslingas a un gancho de elevación.

Aparejo de poleas: sistema simple de cuerda y polea que se utiliza para elevar cargas.

Apuntalado: material utilizado para soportar una carga o, bien, para poder extraer las eslingas después de apoyar la carga en el suelo; vigas de madera que se apilan en niveles alternados, que se utilizan para sostener cargas pesadas. También se lo denomina bloqueo.

Bloques: piezas de madera dura que se usan para sostener y reforzar el equipo.

Bloque fijo: bloque superior de un aparejo de poleas. El bloque que está unido al soporte.

Brazos de la eslinga: partes de la eslinga que se extienden desde el dispositivo de sujeción y rodean el objeto que se va a elevar.

Brida: configuración que utiliza dos o más eslingas para conectar una carga a un único gancho de elevación.

Cable: cuerda hecha de alambres de acero que forman torones y envuelven un alma de soporte para formar un cable completo.

Cable para transportar: cuerda de un dispositivo de elevación que se jala a mano para levantar la carga.

Capacidad de peso: peso máximo que una estructura puede soportar de manera segura.

Cáncamo: implemento de aparejamiento que se usa para sujetar una eslinga a una carga.

Capacidad nominal: peso de carga máximo que una eslinga o un implemento o equipo pueden sostener o elevar. También se la denomina capacidad de elevación, capacidad de trabajo, límite de carga para trabajar (WLL) y carga segura para el trabajo (SWL).

Carga: cantidad total de lo que se está elevando, incluidas todas las eslingas, los enganches y los implementos.

Centro de gravedad: punto en el cual un objeto se encuentra perpendicular y en equilibrio respecto del campo de gravedad de la tierra.

Control de la carga: práctica segura y eficiente de manejo de la carga utilizando las técnicas de comunicación y manipulación pertinentes.

Criterios de rechazo: normas, reglas o pruebas sobre las que se basa la decisión de sacar un objeto o dispositivo de servicio porque dejó de ser seguro.

Cuerda guía: soga que se extiende desde la carga hasta el suelo. Los aparejadores sujetan cuerdas guía para evitar que una carga se balancee o gire sin control durante la elevación.

Deformación: ocurre cuando una soga se dobla tanto que el doblez es permanente y los alambres o fibras individuales se dañan.

Empalmar: unir.

Empuje lateral: la parte del empuje que actúa horizontalmente cuando las eslingas no están en posición vertical.

Enganche: configuración de aparejamiento mediante la cual una eslinga conecta la carga al gancho de elevación. Los tres tipos básicos de enganches son: vertical, de estrangulación y canasta.

Eslabón maestro: accesorio de conexión principal para eslingas de cadena.

Eslinga: cable, cadena de acero de aleación, entramado de malla metálica, soga sintética, red sintética o fibras de bucles sintéticos continuos con revestimiento que crean formas, con o sin accesorios de extremidad, y que se utilizan para manejar cargas.

Eslinga de anillo: eslinga fabricada con un bucle sin fin.

Fuste roscado: extremo de conexión de un sujetador, como por ejemplo un perno, con una serie de ranuras en espiral. Las ranuras están diseñadas para coincidir con las ranuras de otro objeto con el fin de unirlos.

Gancho de aparejamiento: implemento de aparejamiento que se usa para sujetar una eslinga a una carga.

Gestión de riesgos: proceso de análisis de un área de trabajo y de la elevación antes de realizarla con el fin de predecir e identificar cualquier posible riesgo.

Grillete: dispositivo de acople que se usa en el aparato de aparejamiento pertinente para conectar el cable a los accesorios de ojal, ganchos u otros conectores.

Hidráulico: accionado mediante la presión de un líquido.

Hilo de advertencia: componente de la eslinga que indica al aparejador si la eslinga ha sido demasiado dañada como para ser utilizada.

Indicador de daño: cordón sujeto a las hebras de una eslinga sin fin. Sobresale del forro. El indicador de daño se usa para determinar si una eslinga sin fin ha sido estirada o sobrecargada.

Jaula: deformación del cable que hace que los torones o pasos se separen y se curven hacia afuera, de la misma manera que las barras verticales de una jaula de pájaro.

Ligar: atar una soga para evitar su detorsión después de que se cortó.

Partes del cable: cantidad de cables que soportan directamente el bloque de desplazamiento.

Pasacabo: sujeción de elevación estructural soldada.

Paso de un cable: distancia en longitud que cubre un alambre al dar una vuelta completa alrededor del alma.

Plano: superficie dentro de la cual se extiende íntegramente una línea recta que une dos puntos.

Polea: rueda de polea ranurada para cambiar la dirección de empuje de un cable; suele encontrarse en una grúa.

Polipasto: dispositivo que aplica fuerza mecánica para subir o bajar una carga.

Señales manuales de la ASME: señales de comunicación establecidas por la Sociedad Estadounidense de Ingenieros Mecánicos (ASME) que se usan para el desplazamiento de cargas con grúas móviles o de puente.

Tensión: intensidad de fuerza que ejerce una parte de un objeto sobre otra; la acción o las fuerzas sobre un objeto o sistema que producen cambios en su forma, tensión sobre él o la separación de sus partes.

Tensión de la carga: tracción o tensión que el peso de la carga suspendida aplica sobre el aparejamiento.

Tensión de la eslinga: cantidad total de fuerza que se ejerce sobre una eslinga. Esto incluye las fuerzas que se agregan a causa del ángulo de la eslinga.

Torón: grupo de alambres que envuelven o pasan alrededor de un alambre central, o alma. Los torones envuelven un alma de soporte y forman un cable.

Viga niveladora: viga que se usa para distribuir el peso en elevaciones con múltiples grúas.

Español a Inglés

Término en Español	Término en Inglés
Abrazadera de elevación	Lifting clamp
Alcance de la eslinga	Sling reach
Alma	Core
Ángulo de la eslinga	Sling angle
Anillo de conexión	Bull ring
Aparejo de poleas	Block and tackle
Apuntalado	Cribbing
Bloque fijo	Fixed block
Bloques	Blocking
Brazos de la eslinga	Sling legs
Brida	Bridle
Cable	Wire rope
Cable para transportar	Hauling line
Cáncamo	Eyebolt
Capacidad de peso	Weight capacity
Capacidad nominal	Rated capacity
Carga	Load
Centro de gravedad	Center of gravity
Control de la carga	Load control
Criterios de rechazo	Rejection criteria
Cuerda guía	Tag line
Deformación	Kinking
Empalmar	Splice
Empuje lateral	Side pull
Enganche	Hitch

Término en Español	Término en Inglés
Eslabón maestro	Master link
Eslinga	Sling
Eslinga de anillo	Grommet sling
Fuste roscado	Threaded shank
Gancho de aparejamiento	Rigging hook
Gestión de riesgos	Risk management
Grillete	Shackle
Hidráulico	Hydraulic
Hilo de advertencia	Warning yarn
Indicador de daño	Tattle-tail
Jaula	Bird caging
Ligar	Seize
Partes del cable	Parts of line
Pasacabo	Pad eye
Paso de un cable	One rope lay
Plano	Plane
Polea	Sheave
Polipasto	Hoist
Señales manuales de la ASME	ASME hand signals
Tensión	Stress
Tensión de la carga	Load stress
Tensión de la eslinga	Sling stress
Torón	Strand
Viga niveladora	Equalizer beam

Inglés a Español

Término en Inglés	Término en Español
ASME hand signals	Señales manuales de la ASME
Bird caging	Jaula
Block and tackle	Aparejo de poleas
Blocking	Bloques
Bridle	Brida
Bull ring	Anillo de conexión
Center of gravity	Centro de gravedad
Core	Alma
Cribbing	Apuntalado
Equalizer beam	Viga niveladora
eyebolt	Cáncamo
Fixed block	Bloque fijo
Grommet sling	Eslinga de anillo
Hauling line	Cable para transportar
Hitch	Enganche
Hoist	Polipasto
Hydraulic	Hidráulico
Kinking	Deformación
Lifting clamp	Abrazadera de elevación
Load	Carga
Load control	Control de la carga
Load stress	Tensión de la carga
Master link	Eslabón maestro
One rope lay	Paso de un cable
Pad eye	Pasacabo
Parts of line	Partes del cable
Plane	Plano
Rated capacity	Capacidad nominal
Rejection criteria	Criterios de rechazo
Rigging hook	Gancho de aparejamiento
Risk management	Gestión de riesgos
Seize	Ligar
Shackle	Grillete
Sheave	Polea
Side pull	Empuje lateral
Sling	Eslinga
Sling angle	Ángulo de la eslinga
Sling legs	Brazos de la eslinga
Sling reach	Alcance de la eslinga
Sling stress	Tensión de la eslinga
Splice	Empalmar
Strand	Torón
Stress	Tensión
Tag line	Cuerda guía
Tattle-tail	Indicador de daño
Threaded shank	Fuste roscado
Warning yarn	Hilo de advertencia
Weight capacity	Capacidad de peso
Wire rope	Cable